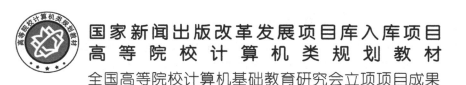

国家新闻出版改革发展项目库入库项目

高 等 院 校 计 算 机 类 规 划 教 材

全国高等院校计算机基础教育研究会立项项目成果

U0149721

计算机图形学可视化编程

杨 坡 白 刚 编著

北京邮电大学出版社

www.buptpress.com

内 容 简 介

本书将计算机图形学的基本原理与编程实践相结合,绘制出具体图形,形象地呈现给读者。本书将 Microsoft Visual Studio 集成开发环境的 MFC 框架作为开发平台,可以更好地展示计算机图形学算法形成的各种图形以及实现对图形的交互式操作。

本书可以作为高等院校计算机相关专业的本科生上机实践教材,也可作为计算机图形学研究者的学习参考书。

图书在版编目(CIP)数据

计算机图形学可视化编程 / 杨坡,白刚编著. -- 北京:北京邮电大学出版社,2021.10(2025.1重印)
ISBN 978-7-5635-6518-4

Ⅰ. ①计… Ⅱ. ①杨… ②白… Ⅲ. ①计算机图形学—高等学校—教材 Ⅳ. ①TP391.411

中国版本图书馆 CIP 数据核字(2021)第 186208 号

策划编辑:马晓仟   责任编辑:廖 娟   封面设计:七星博纳

出版发行:北京邮电大学出版社
社   址:北京市海淀区西土城路 10 号
邮政编码:100876
发 行 部:电话:010-62282185   传真:010-62283578
E-mail:publish@bupt.edu.cn
经   销:各地新华书店
印   刷:保定市中画美凯印刷有限公司
开   本:787 mm×1 092 mm   1/16
印   张:8.25
字   数:216 千字
版   次:2021 年 10 月第 1 版
印   次:2025 年 1 月第 3 次印刷

ISBN 978-7-5635-6518-4   定价:25.00 元

前　　言

计算机图形学是利用计算机研究图形生成和显示的一门重要计算机学科。本书作者积累了多年的计算机图形学讲授经验，使用 VS 的 MFC 框架开发了涉及直线段的扫描转换、圆弧的扫描转换、多边形填充、裁剪、二维图形的几何变换和真实感图形等知识点内容的九个案例，具体安排如下。

第 1 章：介绍 VS 环境下的图形编程框架。

第 2 章：展示直线段扫描转换算法形成的直线。

第 3～4 章：使用中点画圆法和 Bresenham 算法绘制圆、圆弧。

第 5 章：实现多边形扫描线填充算法。

第 6～7 章：实现直线段和多边形的裁剪算法。

第 8 章：展示二维图形的几何变换。

第 9 章：综合使用图形学知识绘制真实感物体。

对于 VS 的 MFC 框架，本书从操作者的角度进行了详细讲述，给出了大部分 *.h 和 *.cpp 文件，逻辑清晰，读者可以很容易地按照本书提供的步骤一步步完成上机实践。涉及核心算法的部分，读者查阅相关图形学资料自行实现即可。

本书通俗易懂，注重实践，能帮助计算机图形学的入门者快速掌握各种绘图算法，并使其对该领域产生浓厚的兴趣，为后续的深入学习和熟练应用打下坚实的基础。

在本书编写过程中，作者参考了很多计算机图形学相关的网络资源和书籍，在此向这些提供帮助的学者致谢。限于作者的时间和水平，书中难免有疏漏之处，欢迎读者批评指正。

目　　录

第1章 VS 环境下的图形编程

实验目的

- 熟悉 VS 环境下图形编程的基本概念
- 掌握 VS 环境下图形编程的基本方法

实验内容

实现一个简单的图形界面程序。要求：制作"画线"菜单项，单击该菜单项后，程序弹出对话框，操作者在对话框中输入直线起点和终点的二维坐标值，单击"确定"按钮后，在绘图区域绘制出对应的直线段。

实验指导

1. 背景知识

（1）设备上下文

在 C++程序设计中，与设备（如监视器、打印机等）打交道的是 Device Context（设备上下文或设备场景），其保存的是设备的相关数据。在 MFC 中，其基类为 CDC。在绘图程序中往往使用 CDC 的几个派生类 CClientDC（客户区设备上下文）、CPaintDC 和 CWindowDC。其中，CClientDC 负责客户区的输出，CPaintDC 主要用于 OnPaint 消息响应，CWindowDC 的输出范围为整个监视器。详细的使用信息可以通过 MSDN 或互联网进行查找。

（2）图形坐标系

屏幕坐标

屏幕坐标是描述物理设备（显示器、打印机等）的坐标系。坐标系原点在屏幕的左上角，X 轴水平向右为正，Y 轴垂直向下为正，度量单位是像素。原点、坐标轴方向和度量单位都是不能改变的。

设备坐标

又称为物理坐标，是描述屏幕中和打印机显示或打印的窗体坐标系。默认坐标原点在客户区的左上角，X 轴水平向右为正，Y 轴垂直向下为正，度量单位为像素。原点和坐标轴方向可以改变，但是度量单位不可以改变。

逻辑坐标

逻辑坐标是在程序中控制显示、打印使用的坐标系。该坐标系与定义的映射模式有关，默认的映射模式为 MM_TEXT。我们可以通过设置不同的映射模式来改变该坐标系的默认行为。

（3）常用绘图函数

可以使用"CClientDC dc(this)"语句建立设备上下文对象。设备上下文对象是对相应显示设备的逻辑抽象，提供对显示设备的操作。

常用的绘画函数：

```
dc.MoveTo(x1,y1);        // 将当前点移动到相应坐标位置(x1,y1)
dc.LineTo(x2,y2);        // 由当前坐标位置到(x2,y2)画一条直线
dc.SetPixel(x,y,color);  // 使用指定颜色 color 在指定位置(x, y)画点
dc.GetPixel(x,y);        // 获得指定位置像素点的颜色
```

（4）RGB 颜色系统

系统常用 COLORREF 数据类型来指定颜色值，COLORREF 数据类型的格式为 0x00BBGGRR，其中 BB 指定蓝色值分量，GG 指定绿色值分量，RR 指定红色值分量。每个颜色分量使用一个字节来表示，故取值范围为 $0 \sim 255$，可以使用 RGB 宏来将单色分量转换成 COLORREF 变量。

2. 建立单文档应用程序

第一步：在 VS 开发环境菜单中，选择"文件"→"新建"→"项目"菜单项，如图 1.1 所示。

第二步：在"新建项目"窗口，选择"MFC 应用程序"，填写项目名称和项目路径后，单击"确定"按钮，如图 1.2 所示。

动态画线

图 1.1　新建项目

图 1.2　选择 MFC 应用程序

第三步:在弹出的窗口中,单击"下一步"按钮,如图1.3所示。

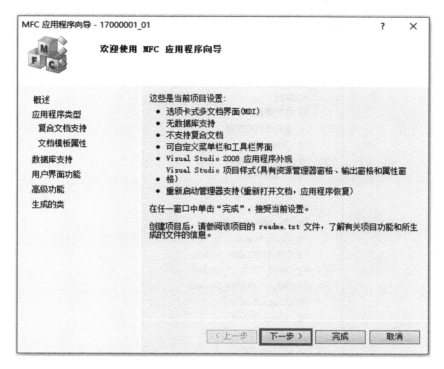

图1.3 MFC应用程序向导

第四步:"应用程序类型"选择"单个文档"。最后,单击"完成"按钮,如图1.4所示。

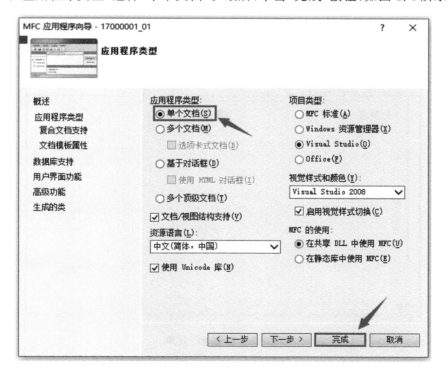

图1.4 选择"单文档"应用程序

至此,新建项目完毕。新建项目的类视图如图 1.5 所示。

图 1.5　项目类视图

按快捷键"Ctrl+F5",最初运行效果如图 1.6 所示。

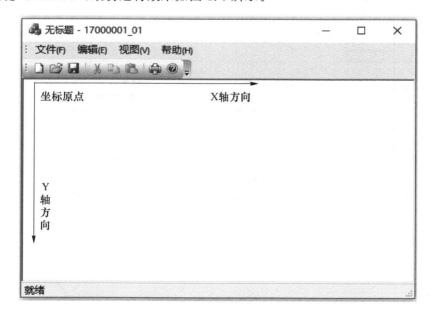

图 1.6　初始运行效果

图中白色区域就是"CMy17000001_01View"类对象的绘图区域,坐标原点为左上角。

3. 添加绘图功能代码

找到 CMy17000001_01View 类的成员函数 OnDraw,在提示位置添加代码,如下所示:

```
void CMy17000001_01View::OnDraw(CDC * / * pDC * /)
{
    CMy17000001_01Doc * pDoc = GetDocument();
    ASSERT_VALID(pDoc);
    if (!pDoc)
        return;

    // TODO:在此处为本机数据添加绘制代码
    CClientDC dc(this);            //创建 dc
    dc.MoveTo(30,20);              //将当前点定位到(30,20)处
    dc.LineTo(200,300);            //在当前点和点(200,300)之间画一条直线
}
```

保存程序重新编译运行,会发现在 CMy17000001_01View 类的绘图区域中画出一条直线,如图 1.7 所示。

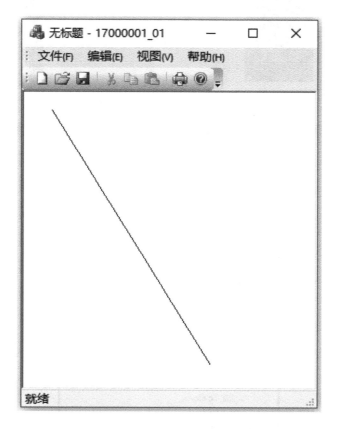

图 1.7 画线结果

又如,输入如下代码:

dc.SetPixel(50,50,RGB(0,0,255));

将在坐标点(50,50)处画出一个蓝色的像素点。

4. 菜单项的消息响应

(1)添加菜单项

第一步:选择菜单栏中的"视图"→"资源视图",打开项目的资源视图窗口,如图1.8所示。

图1.8 "资源视图"菜单项

第二步:打开资源视图中的"Menu"文件夹,双击"IDR_MAINFRAME",打开项目的菜单资源,如图1.9所示。

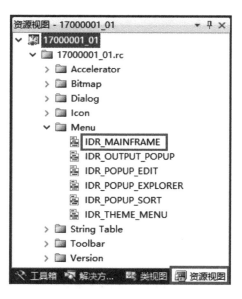

图1.9 "资源视图"窗口

第三步：在菜单栏中，添加"作图"→"画线"，如图 1.10 所示。

图 1.10　添加菜单项

第四步：单击"画线"菜单项，在属性窗口内，为其设置合适的 ID 值，如图 1.11 所示。

图 1.11　设置菜单项的 ID 值

当操作者单击该菜单项时，系统会生成一个携带相应 ID 号的 WM_COMMAND 消息，并放置在消息队列中。

（2）添加消息响应

第一步：选中"画线"菜单项，单击右键选择"添加事件处理程序"，如图 1.12 所示。

第二步：在"事件处理程序向导"界面的类列表中，选择"CMy17000001_01View"类，消息类型选择"COMMAND"，并填写合适的函数名称，如图 1.13 所示。

此时，点击"添加编辑"按钮，发现在"17000001_01View.cpp"文件内生成了"作图"菜单项的响应函数，如图 1.14 所示。

操作者单击"作图"菜单项后，会调用此函数，可以在函数中添加相应的响应代码。

图 1.12　添加菜单项的消息响应

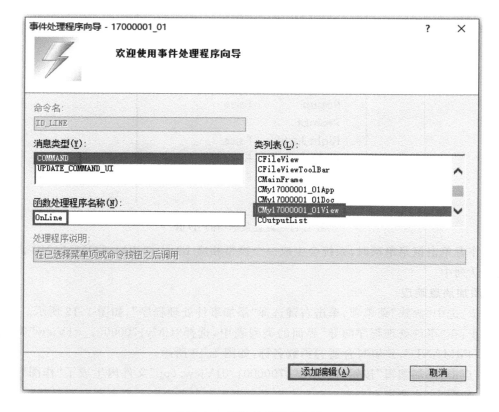

图 1.13　事件处理程序向导

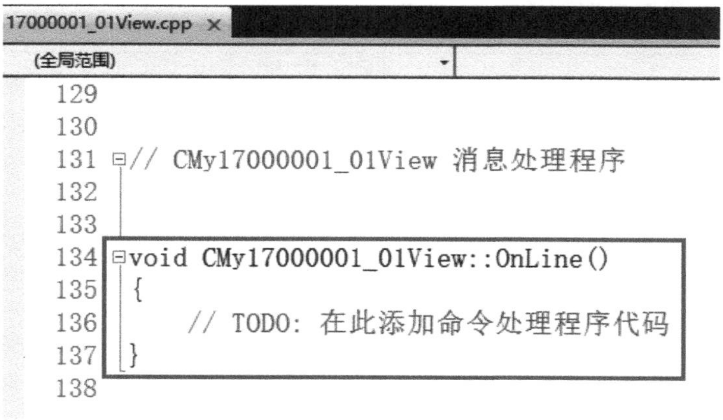

```
17000001_01View.cpp ×
(全局范围)
129
130
131  □// CMy17000001_01View 消息处理程序
132
133
134  □void CMy17000001_01View::OnLine()
135   {
136        // TODO: 在此添加命令处理程序代码
137   }
138
```

图 1.14　事件处理函数

5. 添加对话框

第一步：打开项目的"资源视图"，在"Dialog"文件夹上右击，选择"插入 Dialog"，如图 1.15 所示。

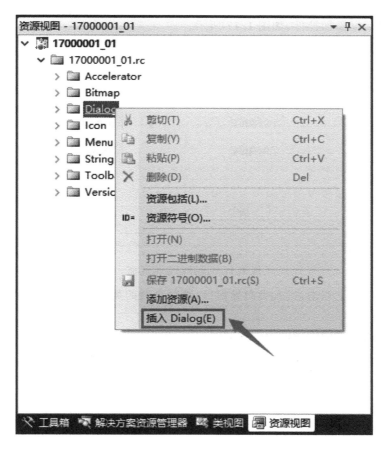

图 1.15　添加对话框

新添加的对话框初始界面如图 1.16 所示。

图 1.16　对话框初始界面

第二步：为对话框添加控件，如图 1.17 所示。

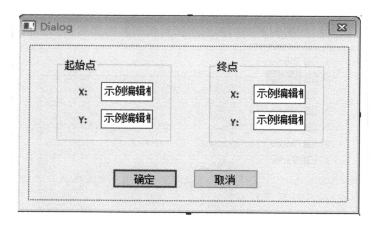

图 1.17　设计对话框界面

第三步：在对话框上双击，进入类向导窗口，填写合适的类名后，如"LineDlg"，单击"完成"按钮，如图 1.18 所示。

第四步：为对话框中的编辑框控件关联对应的变量。

（1）打开对话框，选中第一个编辑框，ID 值默认为：IDC_EDIT1，右击选择"添加变量"，如图 1.19 所示。

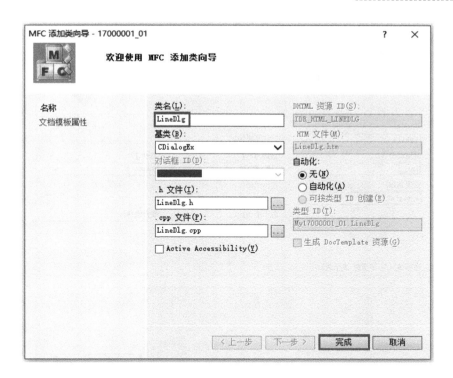

图 1.18 对话框类

图 1.19 为编辑框关联变量

（2）在"添加成员变量向导"界面，设置变量类型、变量名等属性，如图1.20所示。

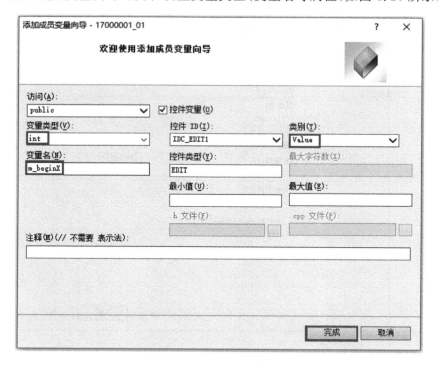

图1.20　添加成员变量1

依此类推，添加其他三个编辑框的关联变量，如图1.21、图1.22和图1.23所示。

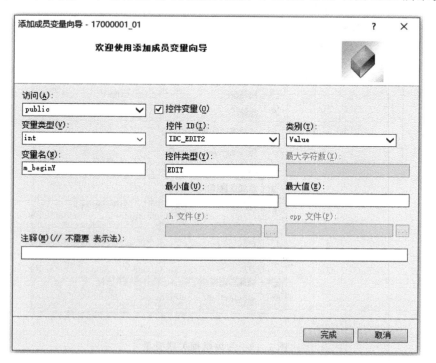

图1.21　添加成员变量2

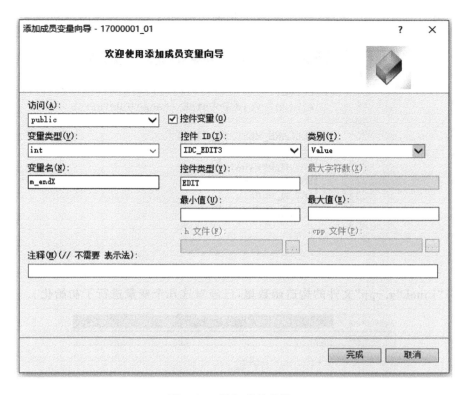

图 1.22 添加成员变量 3

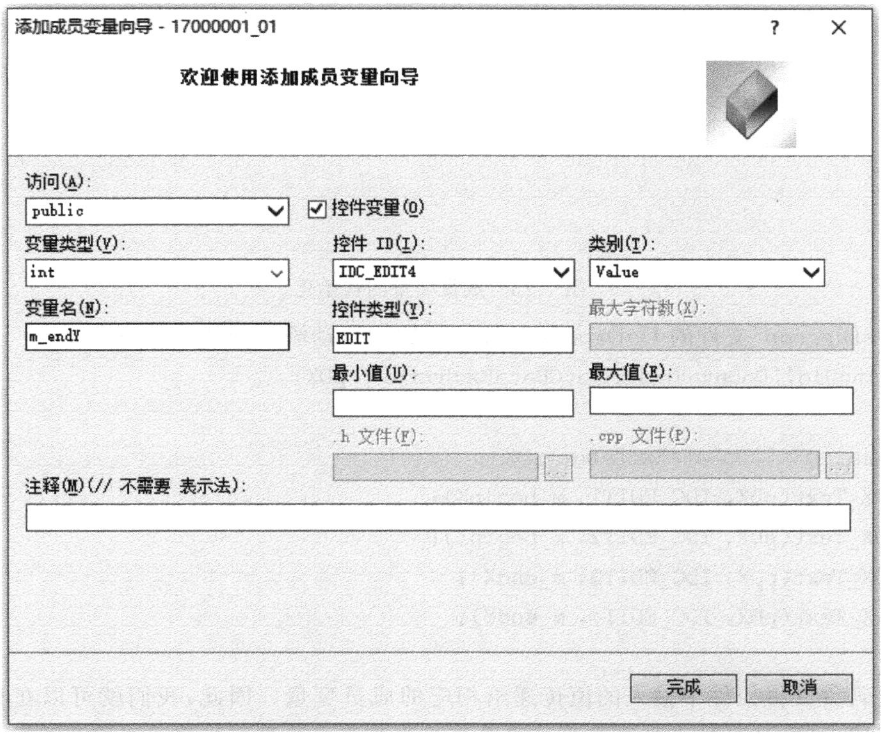

图 1.23 添加成员变量 4

此时，打开“LineDlg.h”文件，可以看到在此类中添加了四个对应的成员变量，如图 1.24 所示。

```
LineDlg.h ×
(全局范围)
protected:
    virtual void DoDataExchange(CDataExch

    DECLARE_MESSAGE_MAP()
public:
    int m_beginX;
    int m_beginY;
    int m_endX;
    int m_endY;
};
```

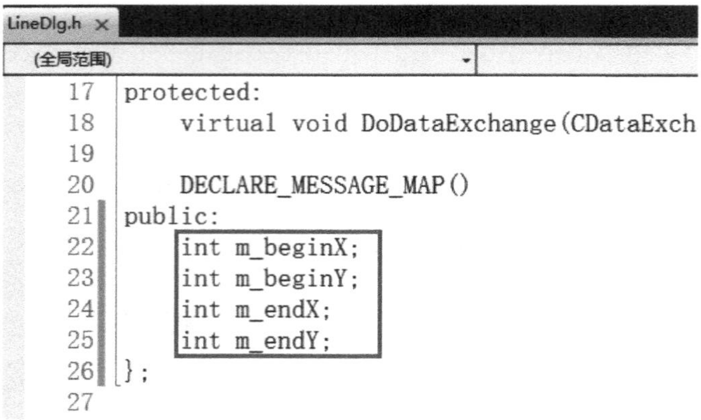

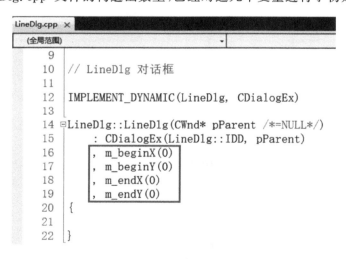

图 1.24　对话框类的成员变量

同时，在“LineDlg.cpp”文件的构造函数里，已经对这几个变量进行了初始化。

```
LineDlg.cpp ×
(全局范围)

// LineDlg 对话框

IMPLEMENT_DYNAMIC(LineDlg, CDialogEx)

LineDlg::LineDlg(CWnd* pParent /*=NULL*/)
    : CDialogEx(LineDlg::IDD, pParent)
    , m_beginX(0)
    , m_beginY(0)
    , m_endX(0)
    , m_endY(0)
{

}
```

图 1.25　成员变量的初始化

在“LineDlg.cpp”文件的 DoDataExchange 函数中自动添加的代码如下所示：

```
void LineDlg::DoDataExchange(CDataExchange * pDX)
{
    CDialogEx::DoDataExchange(pDX);
    DDX_Text(pDX, IDC_EDIT1, m_beginX);
    DDX_Text(pDX, IDC_EDIT2, m_beginY);
    DDX_Text(pDX, IDC_EDIT3, m_endX);
    DDX_Text(pDX, IDC_EDIT4, m_endY);
}
```

该段代码负责将控件中输入的值传递给相应的成员变量。因此，我们就可以在程序中使用操作者在控件中输入的值。

至此，对话框的操作完毕。

6. 对话框的使用

本节我们将介绍如何在项目中使用新建的对话框。

第一步:在使用该对话框的.cpp源文件中,引入该对话框的头文件"LineDlg.h",如图 1.26 所示。

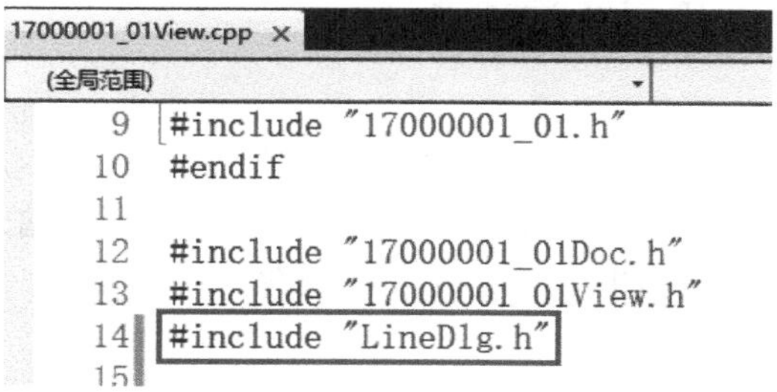

```
17000001_01View.cpp  ×
(全局范围)
     9   #include "17000001_01.h"
    10   #endif
    11
    12   #include "17000001_01Doc.h"
    13   #include "17000001_01View.h"
    14   #include "LineDlg.h"
    15
```

图 1.26　加入对话框类的头文件

第二步:单击"画线"菜单项,弹出新建的对话框,并获取对话框中输入的数据。

在"17000001_01View.cpp"文件的 OnLine()函数中添加代码如下:

```
void CMy17000001_01View::OnLine()
{
    // TODO：在此添加命令处理程序代码
    LineDlg lineDlg;
    lineDlg.DoModal();
    int m_beginX = lineDlg.m_beginX;
    int m_beginY = lineDlg.m_beginY;
    int m_endX = lineDlg.m_endX;
    int m_endY = lineDlg.m_endY;
}
```

在弹出对话框后,上述代码将操作者在对话框中输入的值传递到程序变量中,以便后续代码使用。

7. 动态画图示例

为了保证画的图一直显示,不能直接在 OnLine()函数中画图,只能在 OnDraw()函数中画图。那么,如何在绘图时使用操作者输入的数据呢?

常用的方法是设立一个标志变量,在 OnDraw()函数中有条件的画图。在 OnLine()函数中修改标志变量的值,并调用 Invalidate()函数强制窗口重绘。具体实现方法如下。

第一步:为 CMy17000001_01View 类添加成员变量。

```
public:
    BOOL m_ifDraw;
    int m_beginX;
    int m_beginY;
    int m_endX;
    int m_endY;
```

第二步：在 CMy17000001_01View 的构造函数 CMy17000001_01View()中将标志变量 m_ifDraw 初始化赋值为 FALSE，即不画线。如图 1.27 所示。

```
CMy17000001_01View::CMy17000001_01View()
{
    // TODO: 在此处添加构造代码
    m_ifDraw=FALSE;
}
```

图 1.27　标志变量的初始化

第三步：在 OnLine()函数中显示对话框，将操作者在对话框中输入的值赋给成员变量，然后将标志变量 m_ifDraw 置为真，并调用 Invalidate()函数。代码如下：

```
void CMy17000001_01View::OnLine()
{
    // TODO：在此添加命令处理程序代码
    LineDlg lineDlg;
    lineDlg.DoModal();

    m_beginX = lineDlg.m_beginX;        //保存坐标值到成员变量中
    m_beginY = lineDlg.m_beginY;
    m_endX = lineDlg.m_endX;
    m_endY = lineDlg.m_endY;

    m_ifDraw = TRUE;                    //设置布尔标志为真，要求画线
    Invalidate();                       //强制本窗口重画
}
```

第四步：在 OnDraw()函数中添加画线代码，如图 1.28 所示。

```
17000001_01View.cpp ×
CMy17000001_01View                              OnFilePrintPreview()
55    // CMy17000001_01View 绘制
56
57    void CMy17000001_01View::OnDraw(CDC* /*pDC*/)
58    {
59        CMy17000001_01Doc* pDoc = GetDocument();
60        ASSERT_VALID(pDoc);
61        if (!pDoc)
62            return;
63
64        // TODO: 在此处为本机数据添加绘制代码
65        CClientDC dc(this);//创建dc
66        if(m_ifDraw){
67            dc.MoveTo(m_beginX, m_beginY);
68            dc.LineTo(m_endX, m_endY);
69        }
70    }
```

图 1.28　画线

编译运行，看到了什么？

第2章　直线段的扫描转换算法

实验目的

- 熟练掌握 Windows 环境下使用 VS 进行图形编程的基本方法
- 掌握数值微分算法的基本概念、步骤和实现
- 掌握 Bresenham 直线算法的基本概念、步骤和实现

实验内容

（1）完成坐标变换。在显示窗口中使用黑色直线绘制出坐标系，坐标轴长度自行确定，将坐标原点移动到显示窗口中心，并使坐标轴 X 轴的正方向为水平向右，使坐标轴 Y 轴的正方向垂直向上（计算机屏幕原始坐标原点位于窗口绘图区域的左上角，且坐标轴 Y 轴的正方向是垂直向下的）。

（2）分别实现数值微分算法和 Bresenham 直线算法。

（3）使用数值微分算法，根据表 2.1 中的直线坐标，绘制红色直线。

表 2.1　数值微分算法画出的直线坐标

序号	起点坐标	终点坐标
1	（-50,0）	（250,100）
2	（-50,0）	（100,300）
3	（-50,0）	（-350,100）
4	（-50,0）	（100,-350）
5	（-50,0）	（-350,-100）
6	（-50,0）	（-100,-350）
7	（-50,0）	（250,-100）
8	（-50,0）	（-100,250）

（4）使用 Bresenham 直线算法，根据表 2.2 中的直线坐标，绘制蓝色直线。

表 2.2　Bresenham 直线算法画出的直线坐标

序号	起点坐标	终点坐标
1	（-50,0）	（350,100）
2	（-50,0）	（100,350）
3	（-50,0）	（-250,100）

续 表

序号	起点坐标	终点坐标
4	(−50,0)	(100,−250)
5	(−50,0)	(−250,−100)
6	(−50,0)	(−100,−250)
7	(−50,0)	(350,−100)
8	(−50,0)	(−100,350)

提示：自定义实现两种直线扫描转换算法函数，并在 OnPaint 或 OnDraw 函数中调用。

实验指导

1. 背景知识

数值微分法的流程如图 2.1 所示。

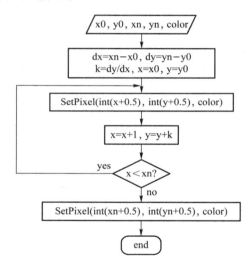

图 2.1　数值微分法

Bresenham 算法的流程如图 2.2 所示。

2. 建立单文档应用程序

使用 VS 建立 MFC 下的单文档应用程序，项目名称命名为"17000001_02"，具体步骤参见第 1 章，生成项目如图 2.3 所示。

直线段的
扫描转换

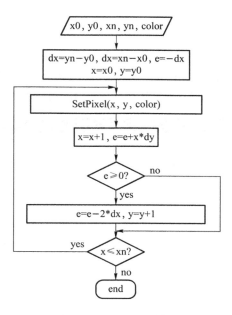

图 2.2　Bresenham 算法

图 2.3　项目类视图

3. 添加菜单项

第一步:选择菜单栏中的"视图"→"资源视图",打开项目的资源视图窗口。

第二步:打开资源视图中的"Menu"文件夹,双击"IDR_MAINFRAME",打开项目的菜单资源。在菜单栏中,添加"作图""画线",并为其设置合适 ID 值,如图 2.4 所示。

图 2.4　添加菜单项

第三步:选中"画线"菜单项,右击选择"添加事件处理程序",为其添加响应函数,如图 2.5 所示。

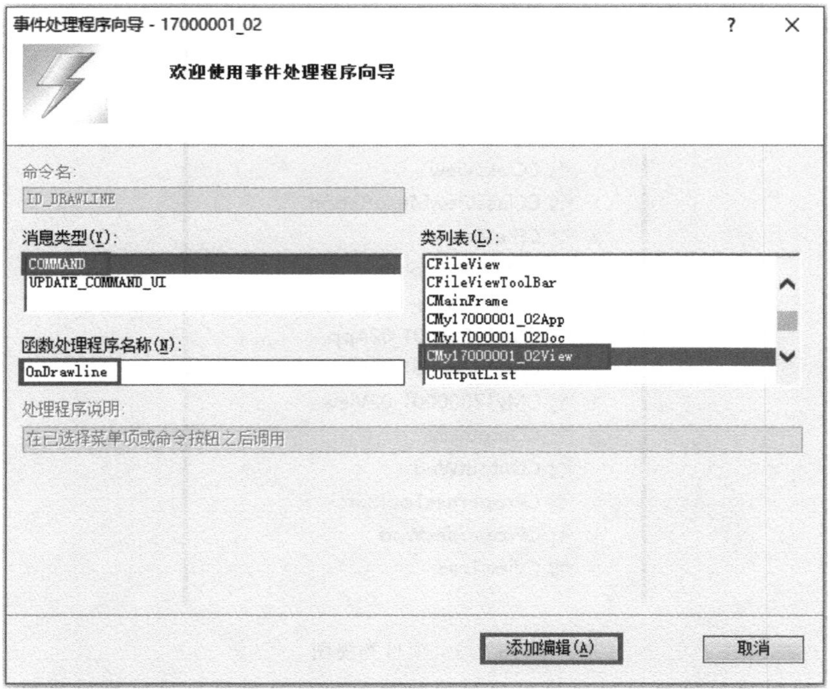

图 2.5　事件处理程序向导

单击"添加编辑"按钮后，发现在"17000001_02View.cpp"文件的 BEGIN_MESSAGE_MAP 宏中添加了一个新项（如图 2.6 所示），并自动生成成员函数 OnDrawline()。

```
BEGIN_MESSAGE_MAP(CMy17000001_02View, CView)
    // 标准打印命令
    ON_COMMAND(ID_FILE_PRINT, &CView::OnFilePrint)
    ON_COMMAND(ID_FILE_PRINT_DIRECT, &CView::OnFilePrint)
    ON_COMMAND(ID_FILE_PRINT_PREVIEW, &CMy17000001_02View::OnFilePrintPreview)
    ON_WM_CONTEXTMENU()
    ON_WM_RBUTTONUP()
    ON_COMMAND(ID_DRAWLINE, &CMy17000001_02View::OnDrawline)
END_MESSAGE_MAP()
```

图 2.6　BEGIN_MESSAGE_MAP 宏

4．添加对话框

第一步：打开项目的"资源视图"，在"Dialog"文件夹上右击，选择"插入 Dialog"。
第二步：为新对话框添加控件，如图 2.7 所示。

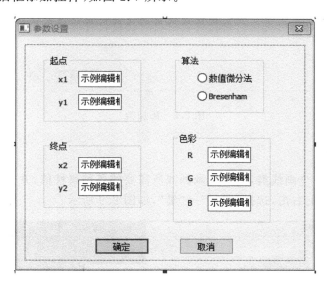

图 2.7　设计对话框界面

第三步：在对话框上双击，进入类向导窗口，为其建立新类"LineDlg"，如图 2.8 所示。
第四步：为对话框中的编辑框控件关联整型变量，为两个单选按钮控件关联整型变量"m_choose"来标识选择了哪个选项。最终，在"LineDlg.cpp"文件的 DoDataExchange 函数中自动添加的代码如下所示：

```
void LineDlg::DoDataExchange(CDataExchange * pDX)
{
    CDialogEx::DoDataExchange(pDX);
    DDX_Text(pDX, IDC_EDIT1, m_x1);
    DDX_Text(pDX, IDC_EDIT2, m_y1);
    DDX_Text(pDX, IDC_EDIT3, m_x2);
    DDX_Text(pDX, IDC_EDIT4, m_y2);
```

```
    DDX_Text(pDX, IDC_EDIT5, m_red);
    DDX_Text(pDX, IDC_EDIT6, m_green);
    DDX_Text(pDX, IDC_EDIT7, m_blue);
    DDX_Radio(pDX, IDC_RADIO1, m_choose);
}
```

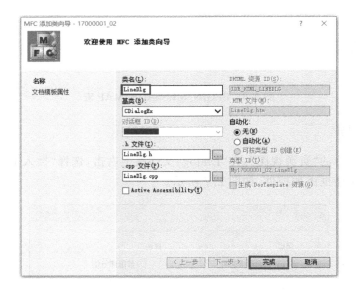

图 2.8　添加类

5. 添加画线类

本节我们将设计一个画线类,用来记录画线所需要的各种属性值,并完成画线功能。

第一步:在项目名上右击,选择"添加"→"类",如图 2.9 所示。

图 2.9　添加类

第二步：在添加类窗口选择"C++"类，如图 2.10 所示。

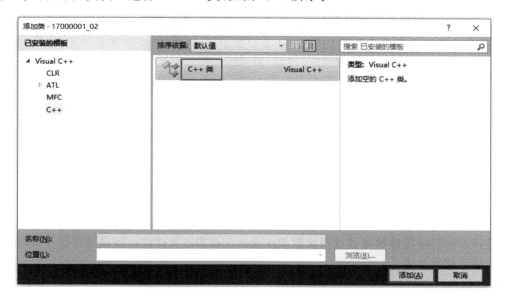

图 2.10　选择 C++类

第三步：输入类名，如"Line"，如图 2.11 所示。

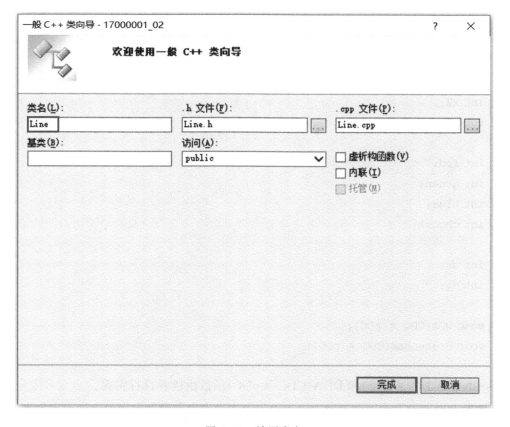

图 2.11　填写类名

单击"完成"按钮,生成的空类 Line,如图 2.12 所示。

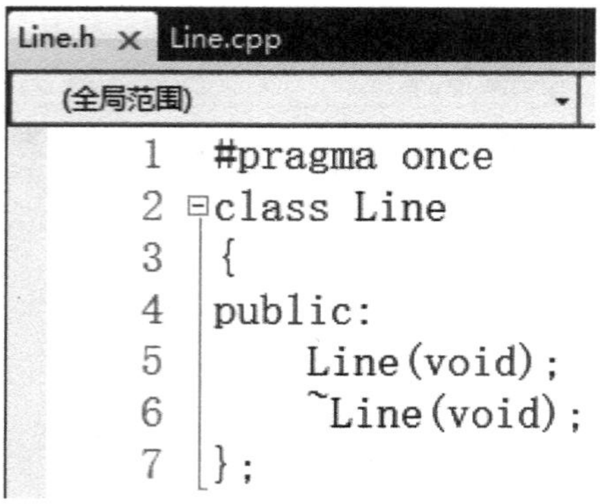

图 2.12　新类

第四步:为 Line 类添加画线成员函数 Bresenham(CDC ＊ pDC)、DDA(CDC ＊ pDC)和需要的成员变量。代码如下:

```
class Line
{
    public：
    Line(void)；
    ～Line(void)；
    int x1；
    int y1；

    int x2；
    int y2；

    int red；
    int green；
    int blue；
    int choose；

    int dx；
    int dy；

    void DDA(CDC ＊ pDC)；
    void Bresenham(CDC ＊ pDC)；
}；
```

Bresenham(CDC ＊ pDC)和 DDA(CDC ＊ pDC)函数由读者自行实现。

注意:

① 在编写数值微分算法和 Bresenham 算法时,不能使用 MoveTo()和 LineTo()函数,而是使用 SetPixel()函数逐个画出每个直线段上的像素点。

② 在算法实现代码中,需要考虑直线斜率的绝对值是大于1还是小于1,直线是与坐标轴平行还是与坐标轴垂直等各种情况。

6. 画线类的使用

本节我们将在 CMy17000001_02View 类中添加 Line 类型的成员变量 m_line,为画线做准备。

第一步:打开项目的类视图,在"CMy17000001_02View"上右击,选择"添加"→"添加变量",如图 2.13 所示。

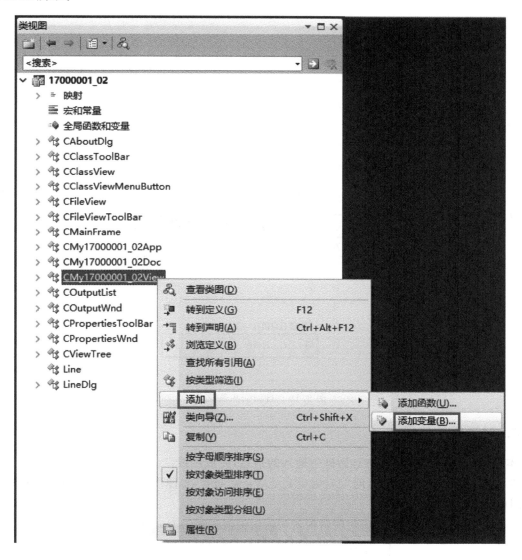

图 2.13 添加变量

第二步:填写成员变量信息,如图 2.14 所示。

完成上述操作后,在"17000001_02View.h"中自动引入了"Line.h"头文件,如图 2.15 所示。

图 2.14　成员变量信息

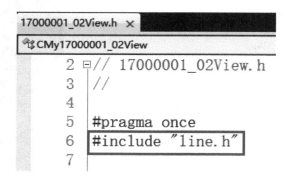

图 2.15　自动引入头文件

7．对话框的使用

本节我们将根据操作者在对话框中输入的信息,完成画线。

第一步:在使用该对话框的"17000001_02View. cpp"文件中引入头文件"LineDlg. h",如图 2.16 所示。

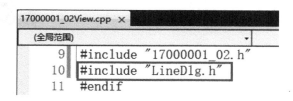

图 2.16　加入对话框类的头文件

第二步:单击"画线"菜单项,弹出新建的对话框,并获取对话框中输入的数据。

在"17000001_02View.cpp"文件的 OnDrawline()函数中添加代码,如下所示:

```
void CMy17000001_02View::OnDrawline()
{
    // TODO：在此添加命令处理程序代码
    LineDlg lineDlg;
    lineDlg.DoModal();
    m_line.x1 = lineDlg.m_x1;
    m_line.y1 = lineDlg.m_y1;

    m_line.x2 = lineDlg.m_x2;
    m_line.y2 = lineDlg.m_y2;

    m_line.choose = lineDlg.m_choose;

    m_line.red = lineDlg.m_red;
    m_line.green = lineDlg.m_green;
    m_line.blue = lineDlg.m_blue;

    Invalidate();
}
```

此时,操作者在对话框中输入的值传递到了成员变量 m_line 中。

8. 画线

在"CMy17000001_02View.cpp"文件的 OnDraw()函数中,根据操作者在对话框中所选择的算法来调用不同的函数进行画线。同时,为了方便观看运行效果,画出横、纵坐标轴。具体代码如下:

```
void CMy17000001_02View::OnDraw(CDC * pDC)
{
    CMy17000001_02Doc * pDoc = GetDocument();
    ASSERT_VALID(pDoc);
    if (! pDoc)
        return;

    // TODO：在此处为本机数据添加绘制代码
    CRect rect;//矩形结构
    GetClientRect(rect);  //获得窗口库视区

    //加入坐标变换代码,将坐标原点移动到显示窗口中心,X轴正方向为水平向右,Y轴的
```
正方向垂直向上

......

```
CClientDC dc(this);
//横坐标
dc.MoveTo(0, rect.Height()/2);
dc.LineTo(rect.Width(), rect.Height()/2);

//横坐标箭头
dc.MoveTo(rect.Width() - 10, rect.Height()/2 - 10);
dc.LineTo(rect.Width(), rect.Height()/2);
dc.MoveTo(rect.Width() - 10, rect.Height()/2 + 10);
dc.LineTo(rect.Width(),rect.Height()/2);

//纵坐标
dc.MoveTo(rect.Width()/2, 0);
dc.LineTo(rect.Width()/2, rect.Height());

//纵坐标箭头
dc.MoveTo(rect.Width()/2 - 10, 10);
dc.LineTo(rect.Width()/2, 0);
dc.MoveTo(rect.Width()/2 + 10, 10);
dc.LineTo(rect.Width()/2, 0);

if(m_line.choose == 0){
    m_line.DDA(pDC);
}else{
    m_line.Bresenham(pDC);
}
}
```

上述代码中,坐标变换功能由读者查阅资料自行实现。

9. 运行结果

编译且运行该项目,在对话框中填写相应的参数,单击"确定"按钮,如果程序代码无误,则可看到根据所填参数绘制的直线段(如图2.16、图2.17所示)。

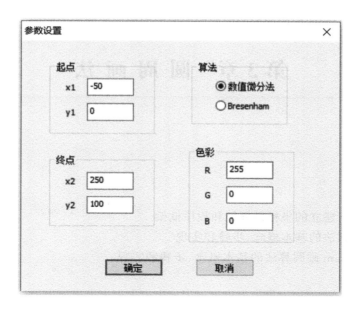

图 2.16 直线段参数

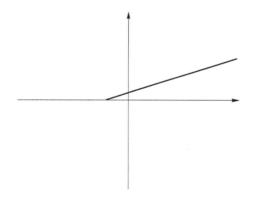

图 2.17 绘制直线段

第 3 章 圆 周 画 法

实验目的

- 利用上一章所建立的坐标系框架和程序框架
- 掌握中点画圆法的基本概念、步骤和实现
- 掌握 Bresenham 画圆算法的基本概念、步骤和实现

实验内容

(1) 画出圆心坐标为(75,90),半径为 50 的红色圆周。
(2) 画出圆心坐标为(−40,−80),半径为 60 的蓝色圆周。

实验指导

1. 背景知识

中点画圆法的流程图(假设圆心位于坐标系原点)如图 3.1 所示。

画圆周

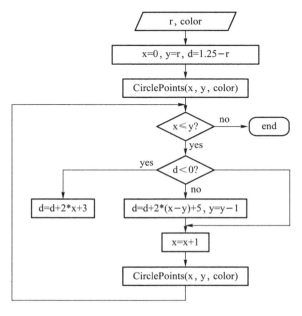

图 3.1　中点画圆法

Bresenham 画圆算法的流程图（假设圆心位于坐标系原点）的流程图如图 3.2 所示。

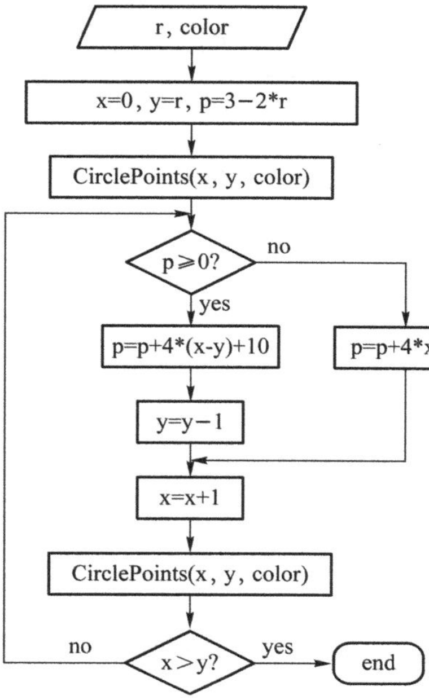

图 3.2　Bresenham 画圆算法

2．建立单文档应用程序

使用 VS 建立 MFC 下的单文档应用程序，项目名称命名为"17000001_03"，具体步骤参见第 1 章。

3．添加菜单项

第一步：选择菜单栏中的"视图"→"资源视图"，打开项目的资源视图窗口。

第二步：打开资源视图中的"Menu"文件夹，双击"IDR_MAINFRAME"，打开项目的菜单资源。在菜单栏中，添加"作图"→"画圆"，并为其设置合适 ID 值，如图 3.3 所示。

第三步：选中"画圆"菜单项，右击选择"添加事件处理程序"，为其添加响应函数，如图 3.4 所示。

图 3.3　添加菜单项

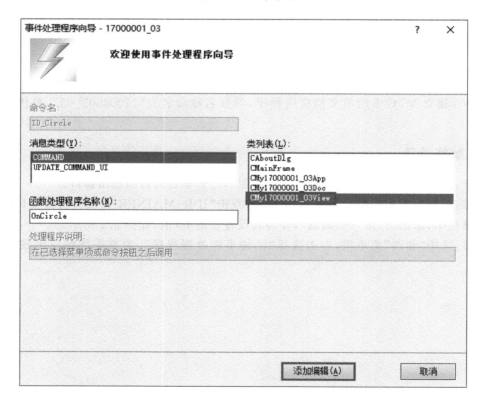

图 3.4　事件处理程序向导

4. 添加对话框

第一步:打开项目的"资源视图",在"Dialog"文件夹上右击,选择"插入 Dialog"。

　　修改对话框的"Caption"属性为对话框设置标题,标题显示在对话框的左上角,如图 3.5 所示。

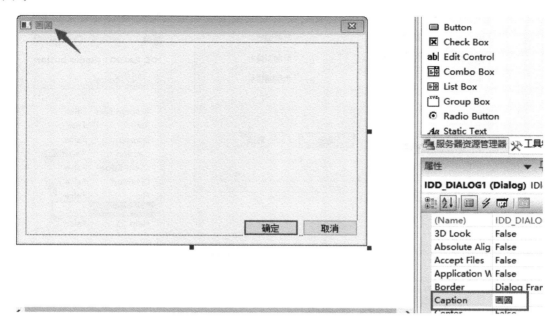

图 3.5　设置对话框标题

第二步:为新对话框添加控件,如图 3.6 所示。

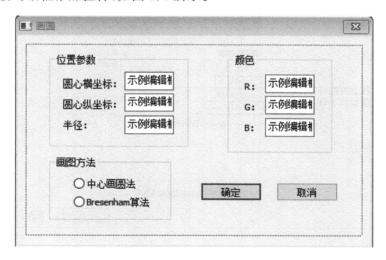

图 3.6　设计对话框界面

　　为了使两个单项按钮关联同一个变量,将第一个单选按钮的组属性改为"True",如图 3.7 所示。

　　第三步:在对话框上双击,进入类向导窗口,为其建立新类"CircleDlg",如图 3.8 所示。

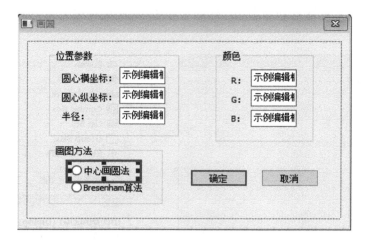

图 3.7　修改单选按钮的组属性

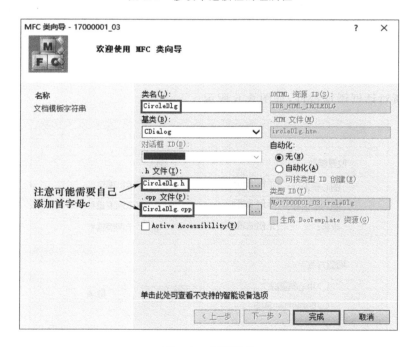

图 3.8　对话框类

第四步：为对话框中的编辑框和单选按钮控件关联整型变量。设置半径时，不能为负数，可以对其设置最小值和最大值，如图 3.9 所示。

最终，在"CircleDlg.cpp"文件的 DoDataExchange 函数中自动添加的代码如下所示：

```
void CircleDlg::DoDataExchange(CDataExchange * pDX)
{
    CDialog::DoDataExchange(pDX);
    DDX_Text(pDX, IDC_EDIT1, m_x);
```

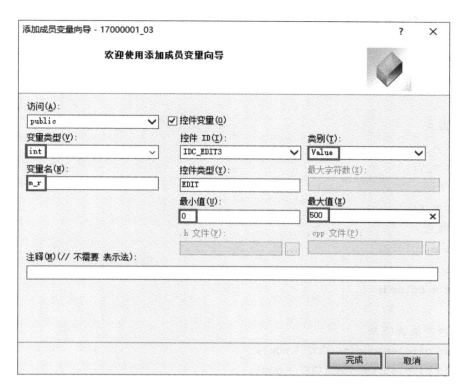

图 3.9 设置最小值和最大值

```
DDX_Text(pDX, IDC_EDIT2, m_y);
DDX_Text(pDX, IDC_EDIT3, m_r);
DDV_MinMaxInt(pDX, m_r, 0, 500);//设置最小值最大值
DDX_Text(pDX, IDC_EDIT4, m_colorR);
DDV_MinMaxInt(pDX, m_colorR, 0, 255);
DDX_Text(pDX, IDC_EDIT5, m_colorG);
DDV_MinMaxInt(pDX, m_colorG, 0, 255);
DDX_Text(pDX, IDC_EDIT6, m_colorB);
DDV_MinMaxInt(pDX, m_colorB, 0, 255);
DDX_Radio(pDX, IDC_RADIO1, m_algorithm);
}
```

5. 添加画圆类

本节我们将设计一个画圆类,用来记录画圆所需的各种属性值,并完成画圆功能。

第一步:在项目名上右击,选择"添加"→"类"。

第二步:在添加类窗口选择"C++"类。

第三步:输入类名,如"Circle"。

第四步:为 Circle 类添加需要的成员属性和方法。

代码如下:

```
class Circle
```

```
{
public：
Circle(void)；
～Circle(void)；

//圆点
int m_x；
int m_y；
//半径
int m_r；
//颜色
int m_colorR；
int m_colorG；
int m_colorB；

//两种画圆方法
void circleMidPoint(CDC ＊ pDc)；
void circleBresenham(CDC ＊ pDc)；

void MySetPixel(CDC ＊ pDc,int x,int y,COLORREF color)；
};
```

circleMidPoint(CDC ＊ pDc)和 circleBresenham(CDC ＊ pDc)函数由读者自行实现。

6. 画圆类的使用

建好 Circle 类后,在 view 视图类内添加 Circle 类型的成员属性 circle,用来存储画圆需要的数据,准备画圆。添加成员属性 m_choose 用来区分选择哪种算法画圆(如图 3.10 所示)。

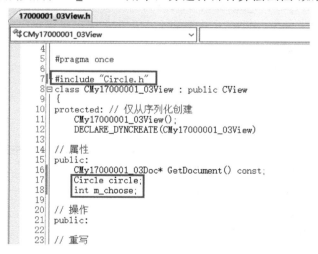

图 3.10 添加成员属性

在构造函数内初始化成员属性 m_choose= -1。

7. 对话框的使用

本节我们将根据操作者在对话框中输入的信息，完成画圆。

第一步：在使用该对话框的"17000001_03View.cpp"文件中引入头文件"CircleDlg.h"。

第二步：单击"画圆"菜单项，弹出新建的对话框，并获取对话框中输入的数据。

在"17000001_03View.cpp"文件的 OnCircle()函数中添加代码，如下所示：

```
void CMy17000001_03View::OnCircle()
{
    // TODO：在此添加命令处理程序代码

    CircleDlg circled;
    circled.DoModal();//显示对话框

    circle.m_x = circled.m_x;
    circle.m_y = circled.m_y;
    circle.m_r = circled.m_r;

    m_choose = circled.m_algorithm;

    circle.m_colorR = circled.m_colorR;
    circle.m_colorG = circled.m_colorG;
    circle.m_colorB = circled.m_colorB;

    Invalidate();//刷新界面
}
```

此时，操作者在对话框中输入的值传递到了成员变量 circle 中。

8. 画圆

在"17000001_03View.cpp"文件的 OnDraw()函数中，根据操作者在对话框中所选择的算法来调用不同的函数进行画圆。同时，为了方便观看运行效果，画出横、纵坐标轴。具体代码如下：

```
void CMy17000001_03View::OnDraw(CDC * pDC)
{
    CMy17000001_03Doc * pDoc = GetDocument();
    ASSERT_VALID(pDoc);
    if (! pDoc)
        return;
    // TODO：在此处为本机数据添加绘制代码
    CRect rect;//矩形结构
    GetClientRect(rect);   //获得窗口库视区
```

//加入坐标变换代码,将坐标原点移动到显示窗口中心,X轴正方向为水平向右,Y轴的正方向垂直向上

......

```
CClientDC dc(this);
//横坐标
dc.MoveTo(0, rect.Height()/2);
dc.LineTo(rect.Width(), rect.Height()/2);

//横坐标箭头
dc.MoveTo(rect.Width() - 10, rect.Height()/2 - 10);
dc.LineTo(rect.Width(), rect.Height()/2);
dc.MoveTo(rect.Width() - 10, rect.Height()/2 + 10);
dc.LineTo(rect.Width(),rect.Height()/2);

//纵坐标
dc.MoveTo(rect.Width()/2, 0);
dc.LineTo(rect.Width()/2, rect.Height());

//纵坐标箭头
dc.MoveTo(rect.Width()/2 - 10, 10);
dc.LineTo(rect.Width()/2, 0);
dc.MoveTo(rect.Width()/2 + 10, 10);
dc.LineTo(rect.Width()/2, 0);

//画圆
if (m_choose == 0){
    circle.circleMidPoint(pDC);
}else if(m_choose == 1){
    circle.circleBresenham(pDC);
}
}
```

9. 运行结果

编译且运行该项目,在对话框中填写相应的参数,单击"确定"按钮,如果程序代码无误,则可看到根据所填参数绘制的圆形。

本章实验内容中要求画出的两种圆周的参数设置和运行结果如图 3.11～图 3.14 所示。

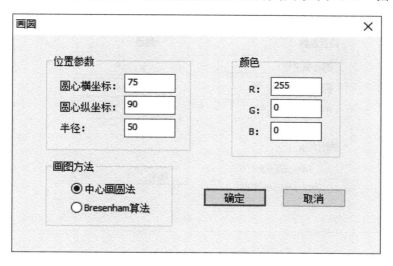

图 3.11　画圆参数 1

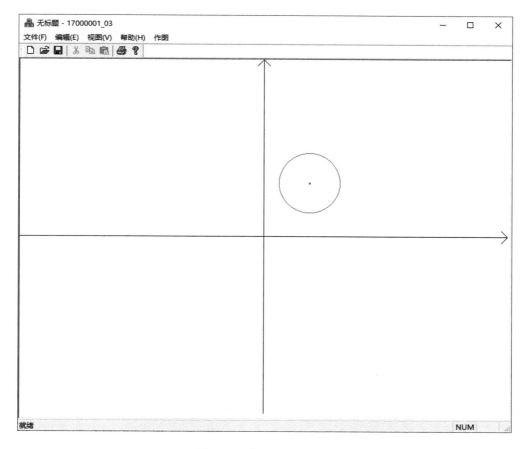

图 3.12　中心画圆法结果

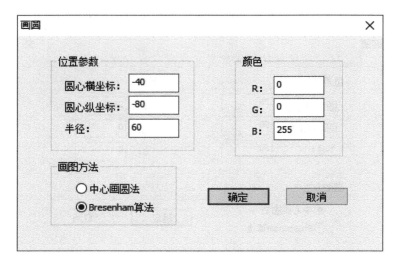

图 3.13　画圆参数 2

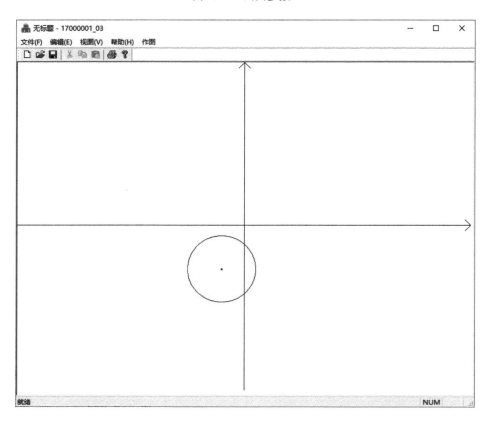

图 3.14　Bresenham 画圆法结果

第 4 章   圆 弧 画 法

实验目的

- 熟悉如何利用已有的圆周画法(如中点画圆法和 Bresenham 画圆法)来实现绘制圆弧

实验内容

(1) 画出圆心坐标为(20,50)、半径为 90、起始角度为 30°和终止角度为 120°的红色圆弧。

(2) 画出圆心坐标为(−40,70)、半径为 110、起始角度为 150°和终止角度为 330°的蓝色圆弧。

绘制圆弧

实验指导

1. 绘制圆弧的思路

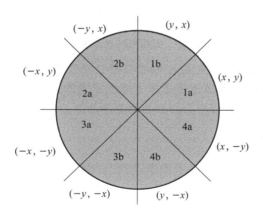

图 4.1   圆弧区域图

从圆周绘制的相关算法中我们知道,算法只需要计算图 4.1 中 1b 区域内圆周上的点坐标,然后通过调用八对称性的函数来绘制圆周。而中点画圆法和 Bresenham 画圆法的区别在于计算 1b 区域内圆周上点的方法不同,调用八对称性的函数是相同的。

绘制圆弧仍然可以利用上述思路,即只计算 1b 区域内圆周上的点坐标,然后通过调用八对称性函数来绘制。但是,因为需要绘制圆弧,所以需要修改利用八对称性的绘制函数。

修改利用八对称性圆周绘制函数的基础是:根据圆弧起始角度和终止角度来决定某个对称点是否需要画出。这样,修改八对称性圆周绘制函数的关键就是如何确定某个对称点是否画出,即下述代码中的八条语句是否执行。

```
void CirPoints(int x, int y, int color){
    SetPixel( x, y, color );
    SetPixel( y, x, color );
    SetPixel( -x, y, color );
    SetPixel( y, -x, color );
    SetPixel( x, -y, color );
    SetPixel( -y, x, color );
    SetPixel( -x, -y, color );
    SetPixel( -y, -x, color );
}
```

已知圆弧的初始角度和终止角度,如何确定需要绘制的圆弧点问题可参见图4.2。

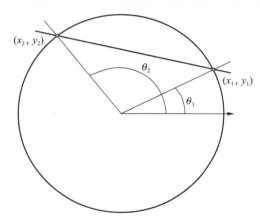

图4.2　画圆点与直线的关系

已知半径、圆心坐标、圆弧起始角度 θ_1 和圆弧终止角度 θ_2,首先可以求出圆弧的两个端点坐标 (x_1,y_1) 和 (x_2,y_2),然后可以求出连接这两个端点弦线的直线方程,那么直线上方圆弧和直线下方圆弧上的点代入弦线直线方程中会得到什么结果呢?

2. 建立单文档应用程序

使用 VS 建立 MFC 下的单文档应用程序,项目名称命名为"17000001_04",具体步骤参见第1章。

3. 添加菜单项

第一步:选择菜单栏中的"视图"→"资源视图",打开项目的资源视图窗口。

第二步:打开资源视图中的"Menu"文件夹,双击"IDR_MAINFRAME",打开项目的菜单资源。在菜单栏中,添加"作图"→"画圆弧",并为其设置合适 ID 值,如图4.3所示。

第三步:选中"画圆弧"菜单项,右击选择"添加事件处理程序",为其添加响应函数,如图4.4所示。

此时,在"17000001_04View.cpp"文件内,已经添加了此菜单的响应函数,如图4.5所示。

程序运行后,单击"画圆弧"菜单项触发的功能,在此函数内实现。

图 4.3 添加菜单项

图 4.4 事件处理程序向导

```
void CMy17000001_04View::OnArc()
{
    // TODO: 在此添加命令处理程序代码
}
```

图 4.5 菜单响应函数

4. 添加对话框

第一步：打开项目的"资源视图"，在"Dialog"文件夹上右击，选择"插入 Dialog"，修改对话框的"Caption"属性为"画圆弧"。

第二步：为新对话框添加控件，如图 4.6 所示。

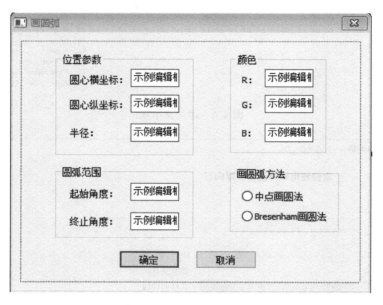

图 4.6 设计对话框界面

第三步：在对话框上双击，进入类向导窗口，为其建立新类"ArcDlg"，如图 4.7 所示。

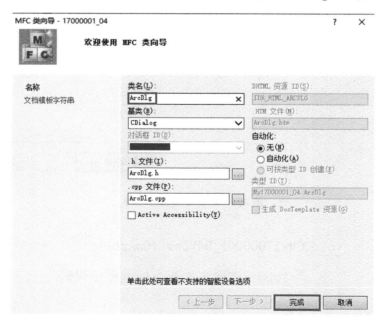

图 4.7 添加类

第四步:为对话框中的编辑框和单选按钮控件关联整型变量。

最终,在"ArcDlg. cpp"文件的 DoDataExchange 函数中自动添加的代码如下所示:

```cpp
void ArcDlg::DoDataExchange(CDataExchange * pDX)
{
    CDialog::DoDataExchange(pDX);
    DDX_Text(pDX, IDC_EDIT1, m_x);
    DDX_Text(pDX, IDC_EDIT2, m_y);
    DDX_Text(pDX, IDC_EDIT3, m_r);
    DDV_MinMaxInt(pDX, m_r, 0, 500);
    DDX_Text(pDX, IDC_EDIT4, m_colorR);
    DDV_MinMaxInt(pDX, m_colorR, 0, 255);
    DDX_Text(pDX, IDC_EDIT5, m_colorG);
    DDV_MinMaxInt(pDX, m_colorG, 0, 255);
    DDX_Text(pDX, IDC_EDIT6, m_colorB);
    DDV_MinMaxInt(pDX, m_colorB, 0, 255);
    DDX_Radio(pDX, IDC_RADIO1, m_algorithm);
    DDX_Text(pDX, IDC_EDIT7, m_startAngle);
    DDV_MinMaxInt(pDX, m_startAngle, 0, 359);
    DDX_Text(pDX, IDC_EDIT8, m_endAngle);
    DDV_MinMaxInt(pDX, m_endAngle, 0, 359);
}
```

5. 添加画圆弧类

本节我们将设计一个画圆弧类,用来记录画圆弧所需要的各种属性值,并完成画圆弧的功能。

第一步:在项目名上右击,选择"添加"→"类"。

第二步:在添加类窗口选择"C++"类。

第三步:输入类名,如"MyArc"。注意:添加类名时不要和编辑器已有的名称相冲突。

第四步:为 MyArc 类添加需要的成员属性和方法。

代码如下:

```cpp
class MyArc
{
public:
    MyArc(void);
    ~MyArc(void);

    //圆心
    int m_x;
    int m_y;
    //半径
```

```
            int m_r;
            //颜色
            int m_colorR;
            int m_colorG;
            int m_colorB;
            //圆弧范围
            int m_startAngle;
            int m_endAngle;

            //两种画圆弧方法
            void arcMidPoint(CDC * pDC);
            void arcBresenham(CDC * pDC);
        };
```

arcMidPoint(CDC * pDC)和 arcBresenham（CDC * pDC)函数由读者自行实现。

6. 画圆弧类的使用

建好 MyArc 类后,在视图类内,添加 MyArc 类型的成员属性 arc,用来存储画圆弧需要的数据,准备画圆弧。添加成员属性 m_choose,用来区分选择哪种算法画圆弧。如图 4.8 所示。

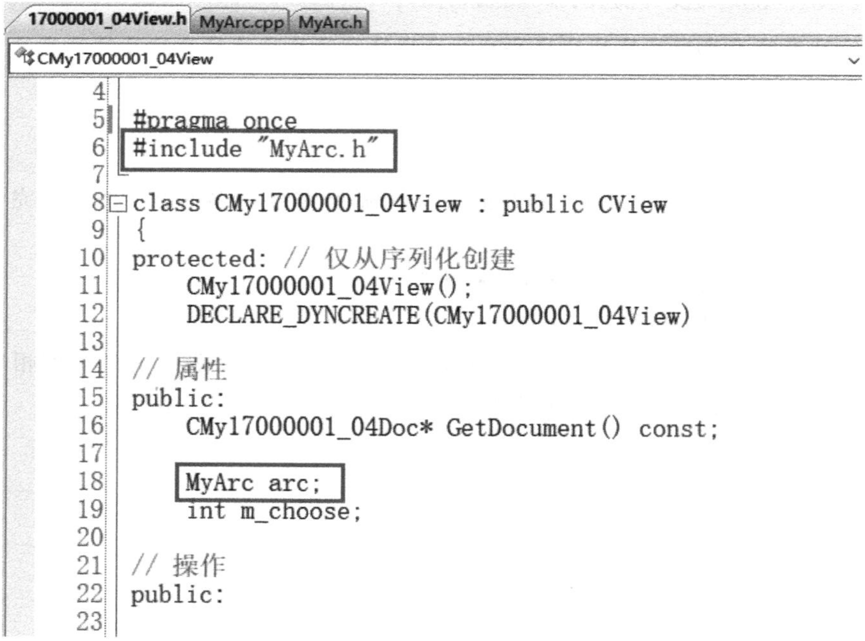

图 4.8　添加成员属性

在构造函数内初始化成员属性 m_choose＝ －1。

7. 对话框的使用

本节我们将根据操作者在对话框中输入的信息,完成画圆弧。

第一步:在使用该对话框的"17000001_04View.cpp"文件中引入头文件"ArcDlg.h"。

第二步:单击"画圆弧"菜单项,弹出新建的对话框,并获取对话框中输入的数据。

在"17000001_04View.cpp"文件的 OnArc() 函数中添加代码如下所示:

```
void CMy17000001_04View::OnArc()
{
    // TODO:在此添加命令处理程序代码
    ArcDlg arcDlg;
    arcDlg.DoModal();//显示对话框

    //存储对话框中的数据
    arc.m_x = arcDlg.m_x;
    arc.m_y = arcDlg.m_y;
    arc.m_r = arcDlg.m_r;

    arc.m_colorR = arcDlg.m_colorR;
    arc.m_colorG = arcDlg.m_colorG;
    arc.m_colorB = arcDlg.m_colorB;

    arc.m_startAngle = arcDlg.m_startAngle;
    arc.m_endAngle = arcDlg.m_endAngle;

    m_choose = arcDlg.m_algorithm;

    Invalidate();//刷新界面
}
```

此时,操作者在对话框中输入的值传递到了成员变量 arc 中。

8. 画圆弧

在"17000001_04View.cpp"文件的 OnDraw() 函数中,根据操作者在对话框中所选择的算法来调用不同的函数画圆弧。同时,为了方便观看运行效果,显示横、纵坐标轴。具体代码如下:

```
void CMy17000001_04View::OnDraw(CDC * pDC)
{
    CMy17000001_04Doc * pDoc = GetDocument();
    ASSERT_VALID(pDoc);
    if (!pDoc)
        return;

    // TODO:在此处为本机数据添加绘制代码

    //设置坐标系:横坐标向右为正方向,纵坐标向上为正方向。
```

调整坐标系

```
CRect rect;
//获得窗口的客户区域大小
GetClientRect(rect);
//设置指定设备环境的映射方式
pDC->SetMapMode(MM_ANISOTROPIC);
//设置逻辑窗口宽、高
pDC->SetWindowExt(rect.Width(),rect.Height());
//反转 y 轴
pDC->SetViewportExt(rect.Width(),-rect.Height());
//将坐标原点移动至屏幕中心
pDC->SetViewportOrg(rect.Width()/2, rect.Height()/2);


//绘制坐标系
//横坐标
pDC->MoveTo(-rect.Width()/2, 0);
pDC->LineTo(rect.Width()/2, 0);


//横坐标箭头
pDC->MoveTo(rect.Width()/2-10, 10);
pDC->LineTo(rect.Width()/2, 0);
pDC->MoveTo(rect.Width()/2-10, -10);
pDC->LineTo(rect.Width()/2,0);


//纵坐标
pDC->MoveTo(0, -rect.Height()/2);
pDC->LineTo(0,rect.Height()/2);


//纵坐标箭头
pDC->MoveTo(-10, rect.Height()/2-10);
pDC->LineTo(0,rect.Height()/2);
pDC->MoveTo(10, rect.Height()/2-10);
pDC->LineTo(0,rect.Height()/2);


//选用不同的算法画圆弧
if(m_choose == 0){
    arc.arcBresenham(pDC);
}
else{
    arc.arcMidPoint(pDC);
}
}
```

9. 运行结果

编译且运行该项目,在对话框中填写相应的参数,单击"确定"按钮,如果程序代码无误,则可看到根据所填参数绘制的圆弧。

本章实验内容中要求画出的两种圆弧的参数设置和运行结果如图 4.9~图 4.12 所示。

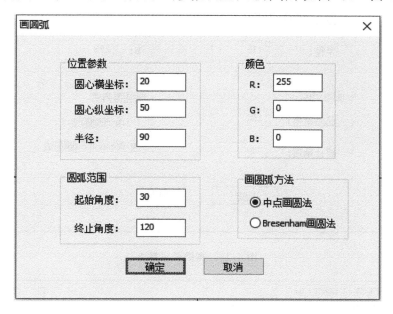

图 4.9　画圆弧参数 1

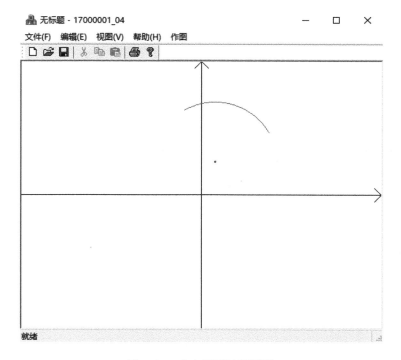

图 4.10　中点画圆法画圆弧

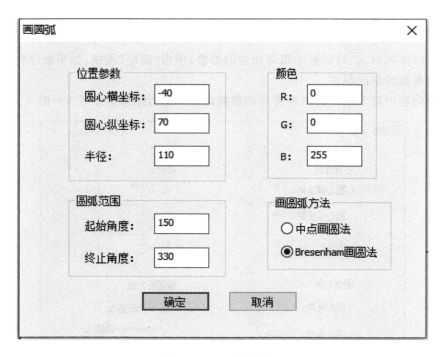

图 4.11   画圆弧参数 2

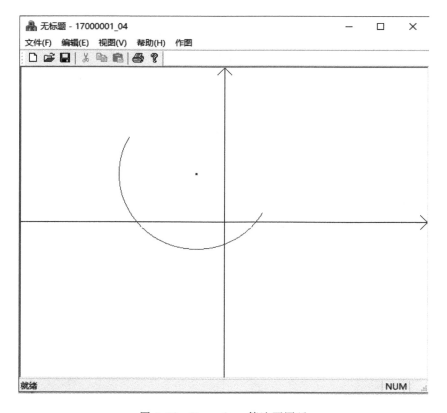

图 4.12   Bresenham 算法画圆弧

10. 补充说明

上面介绍的是通过建立新项目完成本次实验,读者也可以在上次实验项目的基础上,添加本次实验需要的功能。具体步骤如下:

（1）在菜单项"画圆"的下方,继续添加菜单项"画圆弧",如图 4.13 所示。

图 4.13 添加画圆弧菜单项

（2）为菜单项"画圆弧"设置 ID,并添加响应函数。具体方法与前面介绍的过程相同。

（3）添加新对话框和圆弧类 MyArc 的过程同上。

（4）与前面过程最主要的区别在于使用画圆弧类 MyArc 和对话框类 ArcDlg 的步骤中,需要在视图类内多添加一个整型变量 drawType,用来区分选择的是"画圆",还是"画圆弧"。

当单击"画圆"菜单项,运作 OnCircle 函数时,将 drawType 置为 1。

当单击"画圆弧"菜单项,运行 OnArc 函数时,将 drawType 置为 2。

（5）在视图类的 OnDraw 函数内,根据 drawType 的值,选择"画圆"或"画圆弧"操作。

具体代码如下:

```
void CMy17000001_03View::OnDraw(CDC * pDC)
{
    CMy17000001_03Doc * pDoc = GetDocument();
    ASSERT_VALID(pDoc);
    if (! pDoc)
        return;

    // TODO：在此处为本机数据添加绘制代码
    //设置坐标系的位置和方向
    ……

    //绘制坐标轴
    ……

    //根据 drawType 的值,进行"画圆"或"画圆弧"操作。
    switch(drawType){
```

调试程序

```
case 1：
    //画圆
    if (m_choose == 0){
        circle.circleMidPoint(pDC);
    }else if(m_choose == 1){
        circle.circleBresenham(pDC);
    }
    break;

    case 2：
    //画圆弧
    if(m_choose == 0){
        arc.arcBresenham(pDC);
    }
    else{
        arc.arcMidPoint(pDC);
    }
    break;
    }
}
```

第5章　多边形扫描线填充算法

实验目的

- 实现任意给定多边形的扫描线多边形填充算法

实验内容

（1）按照逆时针顺序输入给定多边形顶点，画出多边形，并使用指定颜色填充该多边形。

（2）使用蓝色填充下列顶点序列描述的多边形：（100,50）、（200,10）、（300,150）、（180,300）和（50,200）。

实验指导

填充多边形

1. 背景知识

新边表（New Edge Table，NET）是为了方便建立和更新活性边表而建立的数据结构。新边表中记录着与多边形边第一次相交的扫描线，即如果某条边的两个端点中较小的纵坐标值为 $y_{\min}$，则该边在新边表中与扫描线 $y_{\min}$ 相关联。

扫描线与多边形边相交时交点取舍的简单判断方法为：检查被交点分割为两条线段的另外两个端点的纵坐标值，所计交点数目等于这两个端点纵坐标值中大于交点纵坐标值的端点数目（范围为 0～2，即均不大于、一个大于和均大于三种情形）。

活性边表（Active Edge Table，AET）中的量 $\Delta x = -b/a$，其中 a 和 b 分别为多边形某条边所在直线的直线方程系数。

假设多边形某条边的两个端点坐标分别为 $P_0(x_0,y_0)$ 和 $P_1(x_1,y_1)$，则该边直线方程 $ax+by+c=0$ 中的参数分别为：

$$\begin{cases} a = y_0 - y_1 \\ b = x_1 - x_0 \\ c = x_0 y_1 - x_1 y_0 \end{cases}$$

多边形填充算法流程如图 5.1 所示。

注意：

（1）按照实验要求程序应该能够填充任意多边形，即多边形边的数目是任意的（在多边形顶点输入和存储过程实现中要考虑到这一点）。

（2）程序为了适应任意边数的多边形，需要考虑顶点信息输入的结束方法。

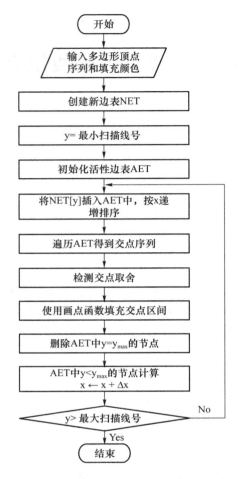

图 5.1 多边形填充算法

（3）在扫描线上填充某个交点区间前，需要考虑多边形顶点的取舍问题。

2. 建立单文档应用程序

使用 VS 建立 MFC 下的单文档应用程序，项目名称命名为"17000001_05"。

3. 添加菜单项

第一步：选择菜单栏中的"视图"→"资源视图"，打开项目的资源视图窗口。

第二步：打开资源视图中的"Menu"文件夹，双击"IDR_MAINFRAME"，打开项目的菜单资源。在菜单栏中，添加"作图"→"填充多边形"，并为其设置合适 ID 值，如图 5.2 所示。

第三步：选中"填充多边形"菜单项，右击选择"添加事件处理程序"，为其添加响应函数，如图 5.3 所示。

此时，在"17000001_05View.cpp"文件内已经添加了此菜单的响应函数，如图 5.4 所示。

程序运行后，单击"填充多边形"菜单项触发的功能，在此函数内实现。

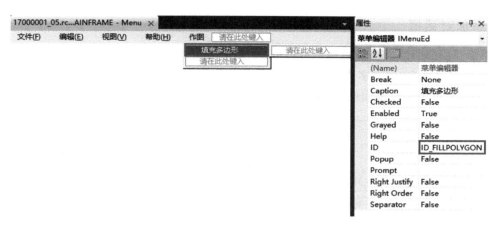

图 5.2 添加菜单项

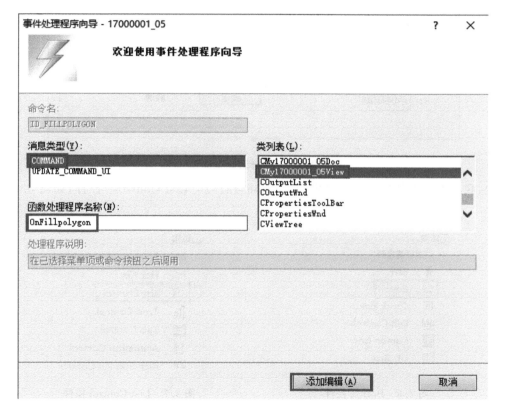

图 5.3 事件处理程序向导

```
void CMy17000001_05View::OnFillpolygon()
{
    // TODO: 在此添加命令处理程序代码
}
```

图 5.4 菜单响应函数

4．添加对话框

第一步：打开项目的"资源视图"，在"Dialog"文件夹上右击，选择"插入 Dialog"。修改对话框的"Caption"属性为"填充多边形"。

第二步：为新对话框添加控件，如图 5.5 所示。

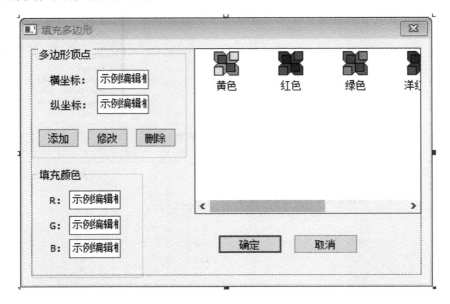

图 5.5　设计对话框界面

此处，我们第一次使用了工具箱内的"Button"控件和"List Control"控件，如图 5.6、图 5.7 所示。

图 5.6　Button 控件

图 5.7　List Control 控件

为了方便使用，我们设置三个按钮和列表控件的 ID 值分别为：IDC_ADD、IDC_MODIFY、IDC_DELETE 和 IDC_POINTLIST。

第三步：在对话框上双击，进入类向导窗口，为其建立新类"FillPolygonDlg"。

第四步：为对话框中的控件关联变量。

为了控制"修改"按钮，为其添加关联变量 m_update，如图 5.8 所示。

为了控制"删除"按钮，为其添加关联变量 m_delete，如图 5.9 所示。

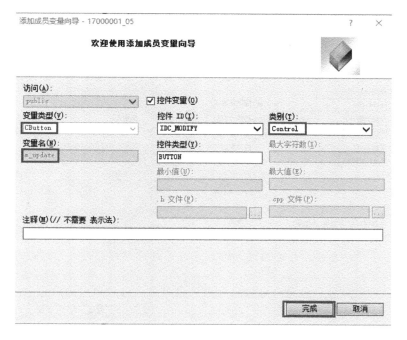

图 5.8 "修改"按钮关联变量

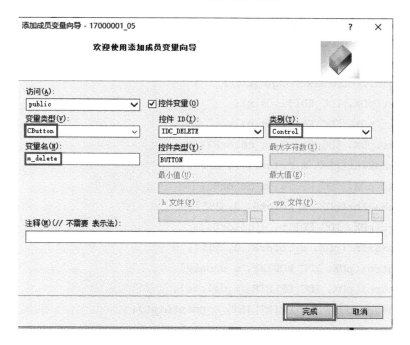

图 5.9 "删除"按钮关联变量

为了控制列表的显示,为列表控件添加关联变量 m_pointList,如图 5.10 所示。

注意:"Button"控件和"List Control"控件的关联变量类别都为"Control",这与前文为编辑框设置的变量类别不同。

图 5.10　列表控件添加关联变量

最终,在"FillPolygonDlg. cpp"文件的 DoDataExchange 函数中自动添加的代码如下所示:

```
void FillPolygonDlg::DoDataExchange(CDataExchange * pDX)
{
    CDialogEx::DoDataExchange(pDX);
    DDX_Text(pDX, IDC_EDIT1, m_x);
    DDX_Text(pDX, IDC_EDIT2, m_y);
    DDX_Text(pDX, IDC_EDIT3, m_colorR);
    DDV_MinMaxInt(pDX, m_colorR, 0, 255);
    DDX_Text(pDX, IDC_EDIT4, m_colorG);
    DDV_MinMaxInt(pDX, m_colorG, 0, 255);
    DDX_Text(pDX, IDC_EDIT5, m_colorB);
    DDV_MinMaxInt(pDX, m_colorB, 0, 255);
    DDX_Control(pDX, IDC_MODIFY, m_update);
    DDX_Control(pDX, IDC_DELETE, m_delete);
    DDX_Control(pDX, IDC_POINTLIST, m_pointList);
}
```

5. 完善对话框

第一步:填充多边形时,需要记录对话框内多边形的顶点个数和每个顶点的坐标,在
"FillPolygonDlg. h"文件内手动添加成员变量如下:

```
//顶点个数
int m_verNum;
```

```
//顶点信息
vector<CPoint> m_vertices;
```

使用 vector 类，需要加入头文件"#include<vector>"。

在"FillPolygonDlg.cpp"的构造函数内，将 m_verNum 初始化为 0。

第二步：为了完整地显示列表控件中的数据，将列表控件的"View"属性设置为 Report，如图 5.11 所示。

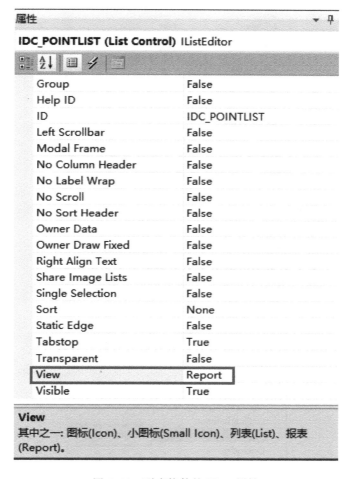

图 5.11　列表控件的 View 属性

第三步：后续修改列表中的数据时，需要选择数据所在的行。为了清晰地看出当前选中的行，将列表控件的"Always Show Selection"属性设置为 True。如图 5.12 所示。

第四步：重写对话框的初始化函数，完成对话框的初始化工作。对话框显示后，会马上自动调用初始化函数。

重写对话框初始化函数的操作方法：进入"类视图"，选中对话框类"FillPolygonDlg"，在"属性窗口"中选择"重写"标志，找到"OnInitDialog"函数重写。如图 5.13 所示。

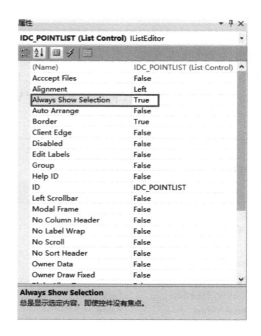

图 5.12 列表控件的 Always Show Selection 属性

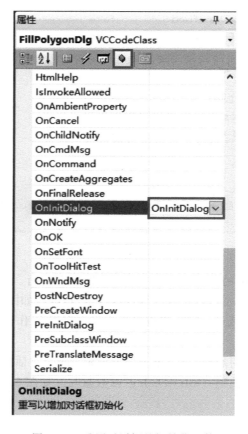

图 5.13 重写对话框的初始化函数

在对话框的初始化函数内填写代码,使对话框最初显示时,"列表控件"具有列标题,并设置"修改"和"删除"按钮不可用。具体代码如下:

```
BOOL FillPolygonDlg::OnInitDialog()
{
    CDialogEx::OnInitDialog();

    // TODO:  在此添加额外的初始化
    CRect rect;
    m_pointList.GetClientRect(&rect);//获得当前 listControl 的宽度
    int w = rect.Width()/3;

    //设置列表样式,可以选中一行,同时显示表格线
    m_pointList.SetExtendedStyle( LVS_EX_FULLROWSELECT|LVS_EX_GRIDLINES );

    //设置列名、居中显示和每列的宽度
    m_pointList.InsertColumn(0,_T("顶点"),LVCFMT_CENTER,w);
    m_pointList.InsertColumn(1,_T("横坐标"),LVCFMT_CENTER,w);
    m_pointList.InsertColumn(2,_T("纵坐标"),LVCFMT_CENTER,w);

    //修改和删除按钮不可用
    m_update.EnableWindow(false);
    m_delete.EnableWindow(false);

    return TRUE;   // return TRUE unless you set the focus to a control
    // 异常:OCX 属性页应返回 FALSE
}
```

第五步:为"添加"按钮增加事件处理程序。打开新对话框,双击"添加"按钮,编辑器会自动添加该按钮的事件处理函数。在处理函数内添加需要的功能:使编辑框内的顶点坐标加入列表框。具体代码如下:

```
void FillPolygonDlg::OnBnClickedAdd()
{
    // TODO:在此添加控件通知处理程序代码
    //编辑框的内容改变,更新变量的值
    UpdateData(TRUE);

    m_update.EnableWindow(false);
    m_delete.EnableWindow(false);
    //判断这个点是否已经存在
    for(int j = 0;j<m_verNum;j++){
        int x = _ttoi(m_pointList.GetItemText(j,1));
```

```
        int y = _ttoi(m_pointList.GetItemText(j,2));
        if(x == m_x && y == m_y){
            AfxMessageBox(_T("添加失败,此点已经存在!"));
            m_x = 0;
            m_y = 0;
            UpdateData(FALSE);
            return;
        }
    {
    CString str;
    str.Format(_T("%d"), m_verNum + 1);
    //开辟一个行,并且设置行的内容为 m_verNum
    m_pointList.InsertItem(m_verNum,str);

    //为 m_verNum 行,设置列值
    str.Format(_T("%d"), m_x);
    m_pointList.SetItemText(m_verNum, 1, str);

    str.Format(_T("%d"), m_y);
    m_pointList.SetItemText(m_verNum,2,str);

    m_verNum ++ ;//顶点个数 + 1
    m_x = 0;//重置编辑框
    m_y = 0;
    //变量值刷新到控件,更新编辑框的内容
    UpdateData(FALSE);
    }
```

第六步:为"列表控件"添加单击事件。当单击"列表控件"中的某行时,将此行的坐标信息存入顶点编辑框,编辑后单击"修改"或"删除"按钮,完成此顶点信息的更新。

首先,需要为"列表控件"添加单击事件。打开对话框,在"列表控件"上右击,选择"类向导"(如图 5.14 所示)。在"类向导"页面中,找到"列表控件"的 ID 号,在"消息"中选择单击事件"NM_CLICK",接着单击"添加处理程序",函数名使用默认函数名即可(如图 5.15 和图 5.16 所示)。

然后,单击"类向导"中的"编辑代码",进入单击"列表控件"时触发的函数。在此函数内完成功能:将列表中选中行的数据,显示到顶点编辑框,同时"修改"和"删除"按钮恢复可用。具体代码如下:

```
void FillPolygonDlg::OnClickPointlist(NMHDR * pNMHDR, LRESULT * pResult)
{
    LPNMITEMACTIVATE pNMItemActivate = reinterpret_cast < LPNMITEMACTIVATE >
(pNMHDR);
```

```
// TODO：在此添加控件通知处理程序代码

int sel = m_pointList.GetNextItem( - 1, LVIS_SELECTED);
if (sel < 0)
{
    //AfxMessageBox(_T("当前没有行被选中!"));
    //此时鼠标点列表的其他位置,则取消选择
    m_x = 0;
    m_y = 0;
    m_update.EnableWindow(false);
    m_delete.EnableWindow(false);
    UpdateData(FALSE);
    return;
}

m_x = _ttoi(m_pointList.GetItemText(sel,1));
m_y = _ttoi(m_pointList.GetItemText(sel,2));

//修改和删除按钮可用
m_update.EnableWindow(true);
m_delete.EnableWindow(true);

UpdateData(FALSE);

* pResult = 0;
}
```

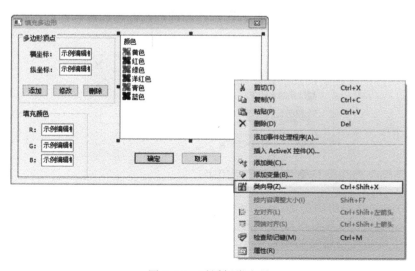

图 5.14　对话框类向导

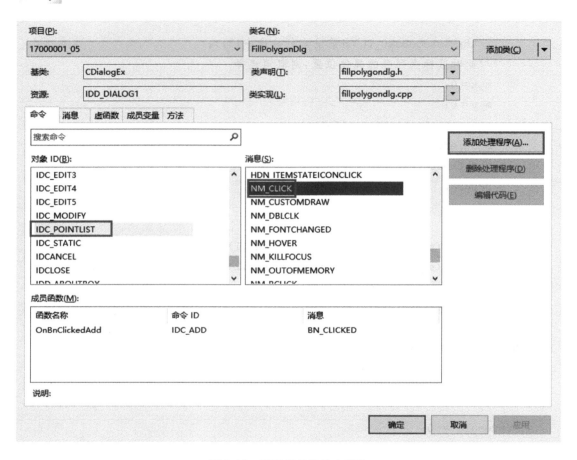

图 5.15　列表控件的单击事件

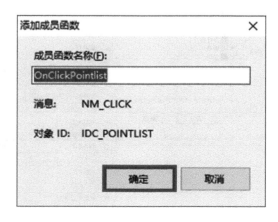

图 5.16　单击事件的函数名

第七步:为"修改"按钮添加事件处理程序。打开对话框,双击"修改"按钮。编辑器会自动添加该按钮的事件处理函数。在处理函数内添加需要的功能:用编辑框内修改后的顶点坐标,更新列表框中被选中行的信息,修改后再次设置"修改"和"删除"按钮不可用。具体代码如下:

```
void FillPolygonDlg::OnBnClickedModify()
{
    // TODO：在此添加控件通知处理程序代码

    UpdateData(TRUE);
    int sel = m_pointList.GetSelectionMark();
    if (sel == -1)
    {
        AfxMessageBox(_T("当前没有行被选中!"));
        return;
    }
    //判断这个点是否已经存在
    for(int j = 0;j<m_verNum;j++){
        int x = _ttoi(m_pointList.GetItemText(j,1));
        int y = _ttoi(m_pointList.GetItemText(j,2));
        if(x == m_x && y == m_y){
            AfxMessageBox(_T("修改失败,此点已经存在!"));
            return;
        }
    }

    CString str;
    str.Format(_T("%d"), m_x);
    m_pointList.SetItemText(sel,1,str);

    str.Format(_T("%d"), m_y);
    m_pointList.SetItemText(sel,2,str);
    //撤销选中行的状态
    m_pointList.SetItemState(sel,  0,  -1);

    AfxMessageBox(_T("修改顶点信息成功!"));
    m_x = 0;
    m_y = 0;
    //修改和删除按钮不可用
    m_update.EnableWindow(false);
```

```
        m_delete.EnableWindow(false);

        UpdateData(FALSE);

    }
```

第八步：为"删除"按钮添加事件处理程序。打开对话框，双击"删除"按钮。编辑器会自动添加该按钮的事件处理函数。在处理函数内添加需要的功能：将列表框中被选中行的顶点信息删除。具体代码如下：

```
    void FillPolygonDlg::OnBnClickedDelete()
    {
        // TODO：在此添加控件通知处理程序代码
        int i = m_pointList.GetSelectionMark();

        if (i == -1)
        {
            AfxMessageBox(_T("当前没有行被选中!"));
        }else{
            //撤销选中行的状态
            m_pointList.SetItemState(i,  0,   -1);

            m_pointList.DeleteItem(i);//删除第 i 行
            m_verNum - - ;//顶点个数 - 1

            AfxMessageBox(_T("删除顶点信息成功!"));
        }

        //更新后面的顶点编号
        int n = m_pointList.GetItemCount();//总条目数
        CString str;
        for(int j = i;j<n;j++){
            str.Format(_T("%d"), j+1);
            m_pointList.SetItemText(j, 0, str);
        }
        //重置
        m_x = 0;
        m_y = 0;
        m_update.EnableWindow(false);
        m_delete.EnableWindow(false);
        UpdateData(FALSE);
    }
```

第九步:为"确定"按钮添加事件处理程序。打开对话框,双击"确定"按钮,编辑器会自动添加该按钮的事件处理函数。在处理函数内添加需要的功能:将"列表控件"中的所有顶点信息,存入成员变量 m_vertices。具体代码如下:

```
void FillPolygonDlg::OnBnClickedOk()
{
    // TODO：在此添加控件通知处理程序代码

    //更新顶点数组
    for(int j = 0;j<m_verNum;j ++ ){
        int x = _ttoi(m_pointList.GetItemText(j,1));
        int y = _ttoi(m_pointList.GetItemText(j,2));
        m_vertices.push_back(CPoint(x,y));
    }

    CDialogEx::OnOK();
}
```

至此,新增多边形对话框内的所有操作结束。

6. 添加填充多边形类

本节我们将设计一个填充多边形类,用来记录填充多边形所需要的各种属性值,并完成填充功能。

第一步:在项目名上右击,选择"添加"→"类"。

第二步:在添加类窗口选择"C++"类。

第三步:输入类名,如"FillPolygon"。

第四步:为 FillPolygon 类添加需要的成员属性和方法。

代码如下:

```
#include<vector>
class FillPolygon
{
public:
    FillPolygon(void);
    ~FillPolygon(void);

    //顶点信息
    vector<CPoint> m_vertices;

    //顶点数
    int m_verNum;

    //颜色
```

```
        int m_colorR;
        int m_colorG;
        int m_colorB;

        //填充多边形
        void fill(CDC * pDC);
}
```

fill(CDC ＊pDC)函数由读者自行实现,并为类添加需要的成员。

7. 填充多边形类的使用

建好 FillPolygon 类后,在视图类内,添加 FillPolygon 类型的成员属性 fp,用来存储填充多边形需要的数据,准备填充。如图 5.17 所示。

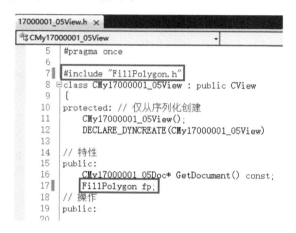

图 5.17 添加成员属性

8. 对话框的使用

本节我们将根据操作者在对话框中输入的信息,完成多边形填充。

第一步:在使用该对话框的"17000001_05View.cpp"文件中引入头文件"FillPolygonDlg.h"。

第二步:单击"填充多边形"菜单项,弹出新建的对话框,并获取对话框中输入的数据。

在"17000001_05View.cpp"文件的 OnFillpolygon()函数中添加代码,如下所示:

```
void CMy17000001_05View::OnFillpolygon()
{
    // TODO：在此添加命令处理程序代码

    FillPolygonDlg fpDlg;
    //显示对话框,并判断对话框关闭时,是否单击的"确定"按钮
    if(fpDlg.DoModal()==IDOK){
        if(fpDlg.m_verNum<3){
        AfxMessageBox(_T("顶点太少,设置失败!"));
```

```
        return;
    }
    //颜色
    fp.m_colorR = fpDlg.m_colorR;
    fp.m_colorG = fpDlg.m_colorG;
    fp.m_colorB = fpDlg.m_colorB;

    //获取顶点坐标
    fp.m_vertices.assign(fpDlg.m_vertices.begin(), fpDlg.m_vertices.end());
    //顶点个数
    fp.m_verNum = fpDlg.m_verNum;
    //刷新界面
    Invalidate();
    }

}
```

此时,操作者在对话框中输入的顶点信息传递到了成员变量 fp 中。

9. 填充多边形

在"17000001_05View.cpp"文件的 OnDraw()函数中,根据操作者在对话框中输入的顶点信息完成对多边形的填充。具体代码如下:

```
void CMy17000001_05View::OnDraw(CDC * pDC)
{
    CMy17000001_05Doc * pDoc = GetDocument();
    ASSERT_VALID(pDoc);
    if (! pDoc)
        return;

    // TODO：在此处为本机数据添加绘制代码

    //设置坐标系的原点位置和坐标轴方向
    ……

    //绘制坐标轴
    ……

    //填充多边形
    if(fp.m_verNum!= 0){
        fp.fill(pDC);
    }
}
```

10．运行结果

编译且运行该项目,在对话框中按照逆时针顺序输入给定多边形的顶点信息(如图 5.18 所示),单击"确定"按钮,如果程序代码无误,则可看到根据所填顶点填充的多边形(如图 5.19 所示)。

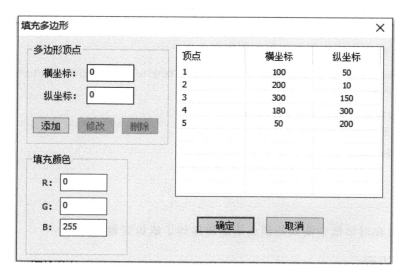

图 5.18　多边形的顶点信息

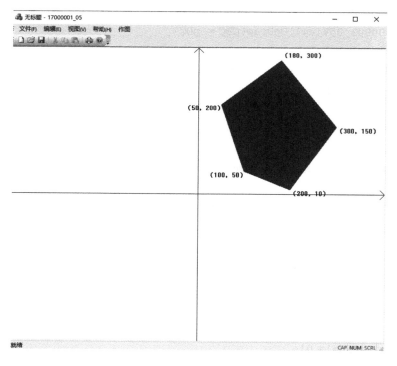

图 5.19　填充多边形结果

11. 补充说明

本书中的实验指导只是给大家提供一种实现方式,建议大家充分发挥聪明才智,做出更完美的作品。

至此,我们已经学习了MFC中常用控件的使用方式,大家完全有能力去研究其他控件的特点及用法。期待看到大家更有创意的作品。

第 6 章　直线段裁剪算法

实验目的

- **熟练掌握 Liang-Barsky 裁剪算法**

实验内容

（1）编程实现 Liang-Barsky 裁剪算法。

（2）假设裁剪矩形窗口的左上角和右下角坐标分别为(70,400)和(500,60)，分别对直线段(10，280)—(320，450)、(500，260)—(420，10)和(280,100)—(180,40)进行裁剪，使用蓝色绘制裁剪前直线段，使用红色绘制裁剪后直线段，使用绿色绘制裁剪窗口。

实验指导

直线段裁剪

1．背景知识

Liang-Barsky 裁剪算法流程图如图 6.1 所示。

2．建立单文档应用程序

使用 VS 建立 MFC 下的单文档应用程序，项目名称命名为"17000001_06"。

3．添加菜单项

第一步：选择菜单栏中的"视图"→"资源视图"，打开项目的资源视图窗口。

第二步：打开资源视图中的"Menu"文件夹，双击"IDR_MAINFRAME"，打开项目的菜单资源，为项目添加"裁剪"菜单。在"裁剪"子菜单下，添加"直线段裁剪"（本实验内容）和"多边形裁剪"（下次实验内容）两个菜单项。根据菜单项的含义设置 ID：ID_ LINECLIPPING、ID_POLYGONCLIPPING，如图 6.2 所示。

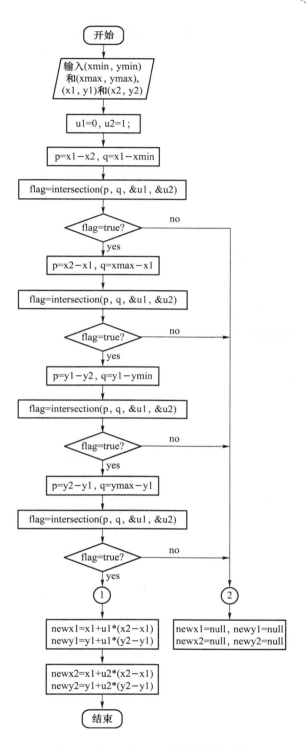

图 6.1 Liang-Barsky 裁剪算法流程图

图 6.2　添加菜单项

第三步：选中"直线段裁剪"菜单项，右击选择"添加事件处理程序"，为其添加响应函数，如图 6.3 所示。

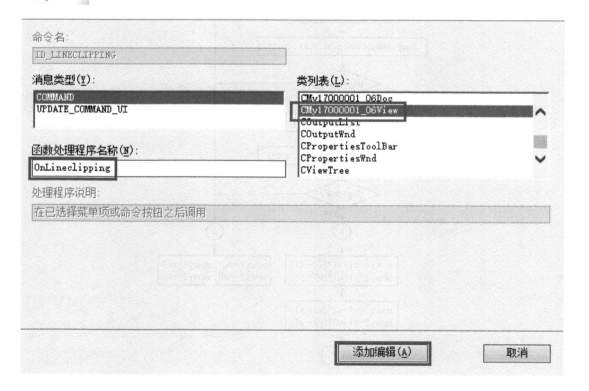

图 6.3　事件处理程序向导

此时，在"17000001_06View.cpp"文件内，已经添加了此菜单的响应函数。

4.　添加对话框

第一步：打开项目的"资源视图"，在"Dialog"文件夹上右击，选择"插入 Dialog"；修改对话框的"Caption"属性为"直线段裁剪"。

第二步：为新对话框添加控件，如图 6.4 所示。

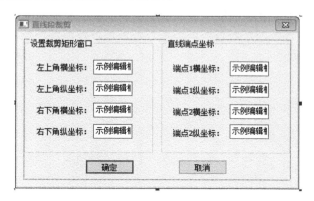

图 6.4　设计对话框界面

此时编辑框较多，为防止混乱，可以为其设置合适的 ID 值。

第三步：在对话框上双击，进入类向导窗口，为其建立新类"LineClippingDlg"。

第四步：为对话框中的编辑框控件关联整型变量。

最终，在"FillPolygonDlg.cpp"文件的 DoDataExchange 函数中自动添加的代码如下所示：

```
void LineClippingDlg::DoDataExchange(CDataExchange * pDX)
{
    CDialogEx::DoDataExchange(pDX);
    DDX_Text(pDX, IDC_EDIT1, m_minX);
    DDX_Text(pDX, IDC_EDIT2, m_maxY);
    DDX_Text(pDX, IDC_EDIT3, m_maxX);
    DDX_Text(pDX, IDC_EDIT4, m_minY);
    DDX_Text(pDX, IDC_EDIT5, m_x1);
    DDX_Text(pDX, IDC_EDIT6, m_y1);
    DDX_Text(pDX, IDC_EDIT7, m_x2);
    DDX_Text(pDX, IDC_EDIT8, m_y2);
}
```

5.　添加直线段裁剪类

本节我们将设计一个直线段裁剪类，用来记录裁剪直线段所需要的各种属性值，并完成裁剪功能。

第一步：在项目名上右击，选择"添加"→"类"。

第二步：在添加类窗口选择"C++"类。

第三步：输入类名，如"LineClipping"。

第四步：为 LineClipping 类添加需要的成员属性和方法。

代码如下：
```
class LineClipping
{
public:
    LineClipping(void);
    ~LineClipping(void);

    //裁剪区域边界
    int m_minX;
    int m_maxX;

    int m_minY;
    int m_maxY;

    //端点
    int m_x1;
    int m_y1;

    int m_x2;
    int m_y2;

    //裁剪算法
    void LiangBarskyClipper(CDC * pDC);
};
```
LiangBarskyClipper(CDC * pDC)函数由读者自行实现，并为类添加需要的成员。

6. 直线段裁剪类的使用

建好 LineClipping 类后，在视图类内，添加 LineClipping 类型的成员属性 clip，用来存储裁剪直线段需要的数据，准备裁剪（如图 6.5 所示）。

图 6.5　添加成员属性

7. 对话框的使用

本节我们将根据操作者在对话框中输入的信息,完成直线段裁剪。

第一步:在使用该对话框的"17000001_06View. cpp"文件中引入头文件"LineClippingDlg. h"。

第二步:单击"直线段裁剪"菜单项,弹出新建的对话框,并获取对话框中输入的数据。

在"17000001_06View. cpp"文件的 OnLineclipping()函数中添加代码如下所示:

```cpp
void CMy17000001_06View::OnLineclipping()
{
    // TODO：在此添加命令处理程序代码
    LineClippingDlg clipDlg；
    if(clipDlg.DoModal() == IDOK){

        clip.m_minX = clipDlg.m_minX;
        clip.m_maxX = clipDlg.m_maxX;

        clip.m_minY = clipDlg.m_minY;
        clip.m_maxY = clipDlg.m_maxY;

        clip.m_x1 = clipDlg.m_x1;
        clip.m_y1 = clipDlg.m_y1;
        clip.m_x2 = clipDlg.m_x2;
        clip.m_y2 = clipDlg.m_y2;

        Invalidate();
    }
}
```

此时,操作者在对话框中输入的顶点信息传递到了成员变量 clip 中。

8. 直线段裁剪

在"17000001_06View. cpp"文件的 OnDraw()函数中,根据操作者在对话框中输入的坐标信息完成对直线段的裁剪。具体代码如下:

```cpp
void CMy17000001_06View::OnDraw(CDC * pDC)
{
    CMy17000001_06Doc * pDoc = GetDocument();
```

```
ASSERT_VALID(pDoc);

if (!pDoc)
    return;


// TODO：在此处为本机数据添加绘制代码


//设置坐标系的原点位置和坐标轴方向
……


//绘制坐标轴
……


//裁剪直线段
clip.LiangBarskyClipper(pDC);
}
```

9. 运行结果

编译且运行该项目,在对话框中输入裁剪窗口和直线段的坐标信息,点击"确定"按钮,如果程序代码无误,则可看到根据所填信息裁剪的直线段(如图 6.6～图 6.11 所示)。

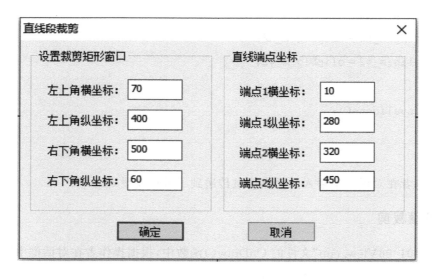

图 6.6　直线段裁剪坐标信息 1

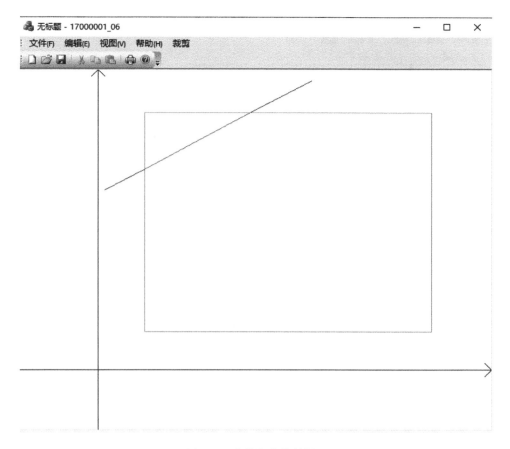

图 6.7 直线段裁剪结果 1

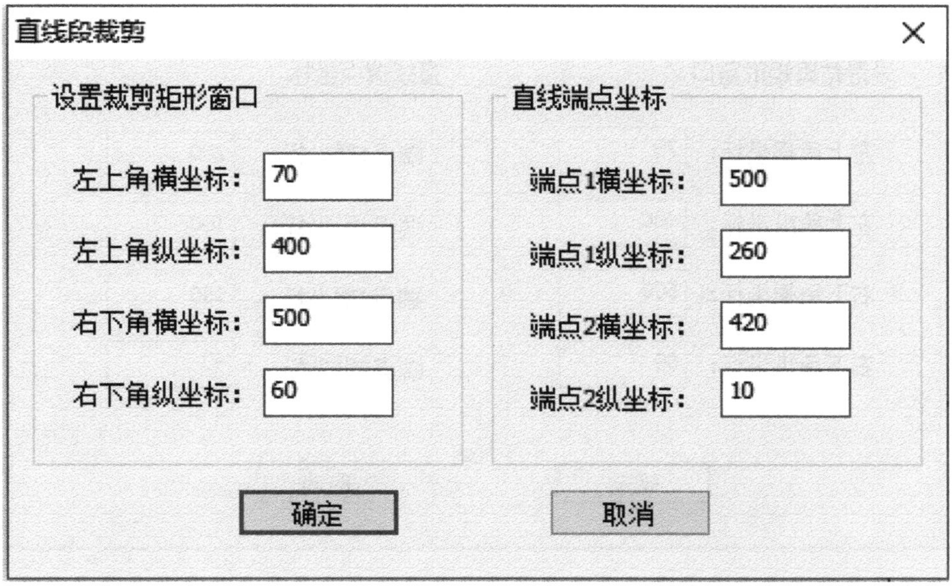

图 6.8 直线段裁剪坐标信息 2

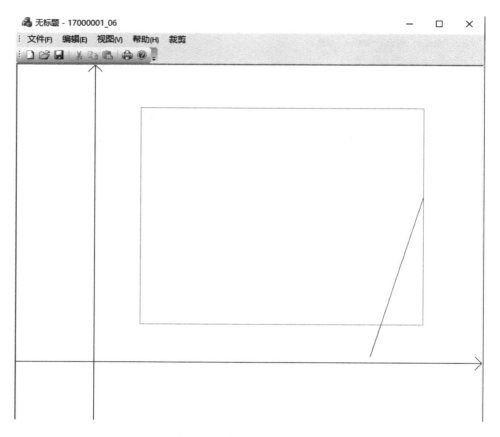

图 6.9 直线段裁剪结果 2

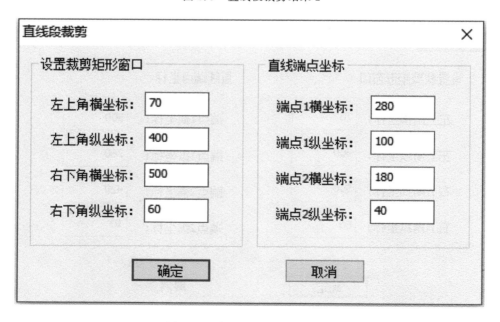

图 6.10 直线段裁剪坐标信息 3

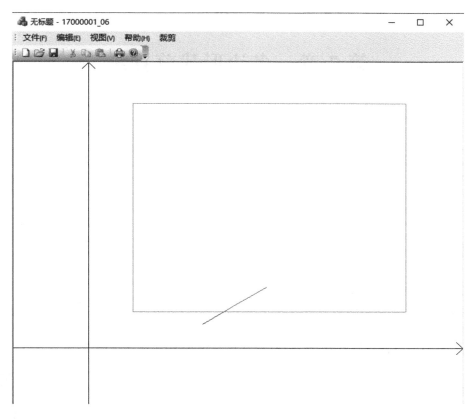

图 6.11　直线段裁剪结果 3

10．补充说明

本次作业绘制区域都在第一象限，大家可以调整坐标系到合适的位置。

第 7 章　多边形裁剪算法

实验目的

- 熟练掌握 Sutherland-Hodgeman 算法

实验内容

（1）编程实现 Sutherland-Hodgeman 算法。

（2）假设裁剪矩形窗口的左上角和右下角坐标分别为(70,400)和(500,60)，被裁剪多边形的顶点序列为：(10,280),(320,450),(500,260),(420,10),(280,100),(180,40)。使用蓝色绘制裁剪前的多边形，使用红色绘制裁剪后的多边形，使用绿色绘制裁剪窗口。

实验指导

多边形裁剪

1. 背景知识

Sutherland-Hodgeman 多边形裁剪算法流程图如图 7.1 所示。

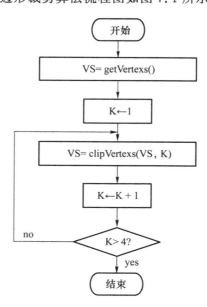

图 7.1　Sutherland-Hodgeman 裁剪算法流程图

使用裁剪窗口某条边裁剪多边形的流程如图7.2所示。

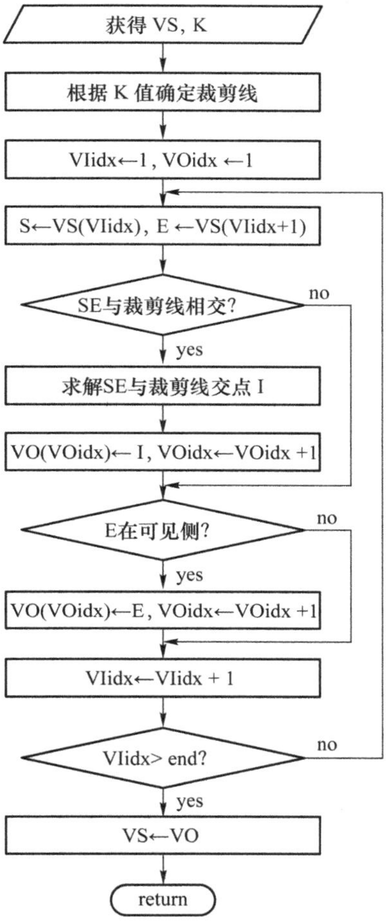

图7.2 单一边裁剪多边形流程图

2. 添加菜单项的响应函数

本次实验不需要新建项目,在上一次实验项目的基础上扩展即可。

在项目的"资源视图"中,打开"Menu"文件夹,为"多边形裁剪"菜单项添加响应函数。如图7.3所示。

此时,在"17000001_06View.cpp"文件内,已经添加了此菜单的响应函数。

3. 添加对话框

第一步:打开项目的"资源视图",在"Dialog"文件夹上右击,选择"插入 Dialog"。修改对话框的"Caption"属性为"多边形裁剪"。

第二步:为新对话框添加控件,如图7.4所示。

为了便于使用,我们设置三个按钮和列表控件的 ID 值分别为:IDC_ADD、IDC_MODIFY、IDC_DELETE、IDC_POINTLIST。

第三步:在对话框上双击,进入类向导窗口,为其建立新类"PolygonClippingDlg"。

第四步：为对话框中的控件关联变量。编辑框控件的关联变量都为整型。"Button"控件和"List Control"控件的关联变量，类别都为"Control"。

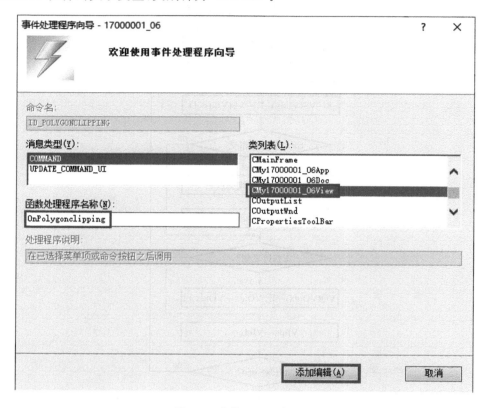

图 7.3　事件处理程序向导

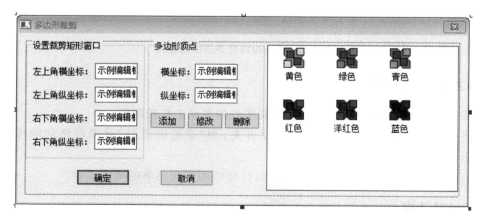

图 7.4　设计对话框界面

最终，在"PolygonClippingDlg.cpp"文件的 DoDataExchange 函数中自动添加的代码如下：

```
void PolygonClippingDlg::DoDataExchange(CDataExchange * pDX)
{
    CDialogEx::DoDataExchange(pDX);
    DDX_Text(pDX, IDC_EDIT1, m_minX);
```

```
        DDX_Text(pDX, IDC_EDIT2, m_maxY);
        DDX_Text(pDX, IDC_EDIT3, m_maxX);
        DDX_Text(pDX, IDC_EDIT4, m_minY);
        DDX_Text(pDX, IDC_EDIT5, m_x);
        DDX_Text(pDX, IDC_EDIT6, m_y);
        DDX_Control(pDX, IDC_MODIFY, m_update);
        DDX_Control(pDX, IDC_DELETE, m_delete);
        DDX_Control(pDX, IDC_POINTLIST, m_pointList);
    }
```

4. 完善对话框

第一步:裁剪多边形时,需要记录对话框内多边形的顶点个数和每个顶点的坐标,在"PolygonClippingDlg.h"文件内,手动添加成员变量如下:

//顶点个数

int m_verNum;

//顶点信息

vector<CPoint> m_vertices;

使用 vector 类,需要加入头文件"#include<vector>"。

在"PolygonClippingDlg.cpp"的构造函数内,将 m_verNum 初始化为 0。

第二步:为了完整地显示列表控件中的数据,将列表控件的"View"属性设置为 Report。

第三步:后续修改列表中的数据时,需要选择数据所在的行。为了清晰地看出当前选中的行,将列表控件的"Always Show Selection"属性设置为 True。

第四步:重写对话框的初始化函数,完成对话框的初始化工作。

(1)在项目的"类视图"中,选中对话框类"PolygonClippingDlg",在"属性窗口"中选择"重写"标志,找到"OnInitDialog"函数重写。

(2)在对话框的初始化函数内填写代码,使对话框最初显示时,"列表控件"具有列标题,并设置"修改"和"删除"按钮不可用。

第五步:为"添加"按钮增加事件处理程序。打开新对话框,双击"添加"按钮。编辑器会自动添加该按钮的事件处理函数。在处理函数内添加需要的功能:使编辑框内的顶点坐标加入列表框。

第六步:为"列表控件"添加单击事件。当单击"列表控件"中的某行时,将此行的坐标信息存入顶点编辑框,编辑后单击"修改"或"删除"按钮,完成此顶点信息的更新。

第七步:为"修改"按钮添加事件处理程序。打开对话框,双击"修改"按钮。编辑器会自动添加该按钮的事件处理函数。在处理函数内添加需要的功能:用编辑框内修改后的顶点坐标,更新列表框中被选中行的信息,修改后再次设置"修改"和"删除"按钮不可用。

第八步:为"删除"按钮添加事件处理程序。打开对话框,双击"删除"按钮。编辑器会自动添加该按钮的事件处理函数。在处理函数内添加需要的功能:将列表框中被选中行的顶点信息删除。

第九步:为"确定"按钮添加事件处理程序。打开对话框,双击"确定"按钮。编辑器会自动添加该按钮的事件处理函数。在处理函数内添加需要的功能：将"列表控件"中的所有顶点信息，存入成员变量 m_vertices。

至此，新增对话框内的所有操作结束（具体代码参考第五次实验）。

5．添加多边形裁剪类

本节我们将设计一个多边形裁剪类，用来记录裁剪多边形所需要的各种属性值，并完成裁剪功能。

第一步：在项目名上右击，选择"添加"→"类"。

第二步：在添加类窗口选择"C++"类。

第三步：输入类名，如"PolygonClipping"。

第四步：为 PolygonClipping 类添加需要的成员属性和方法。

代码如下：

```
class PolygonClipping
{
public：
    PolygonClipping(void);
    ~PolygonClipping(void);

    //裁剪区域边界
    int m_minX;
    int m_maxX;

    int m_minY;
    int m_maxY;

    //顶点数
    int m_verNum;
    //被裁剪的多边形顶点信息
    vector<CPoint> m_vertices;

    //裁剪算法
    void SutherlandHodgemanClipper(CDC * pDC);
};
```

SutherlandHodgemanClipper(CDC * pDC)函数由读者自行实现，并为类添加需要的成员。

6．多边形裁剪类的使用

建好 PolygonClipping 类后，在视图类内，添加 PolygonClipping 类型的成员属性 polygonClip，用来存储裁剪直线段需要的数据，准备裁剪。为了对比，将上次实验中的直线段裁剪成员名改成 lineClip，如图 7.5 所示。

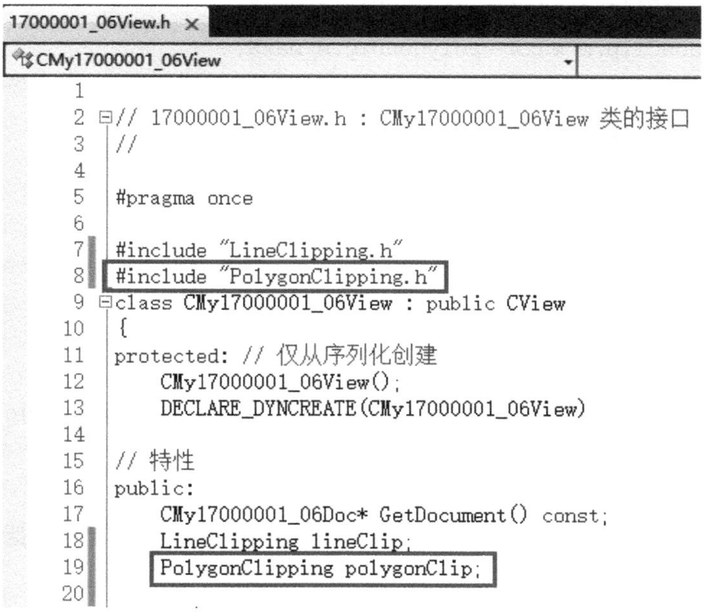

```
17000001_06View.h ×
CMy17000001_06View

// 17000001_06View.h : CMy17000001_06View 类的接口
//

#pragma once

#include "LineClipping.h"
#include "PolygonClipping.h"
class CMy17000001_06View : public CView
{
protected: // 仅从序列化创建
    CMy17000001_06View();
    DECLARE_DYNCREATE(CMy17000001_06View)

// 特性
public:
    CMy17000001_06Doc* GetDocument() const;
    LineClipping lineClip;
    PolygonClipping polygonClip;
```

图 7.5　添加成员属性

7. 对话框的使用

本节我们将根据操作者在对话框中输入的信息，完成多边形裁剪。

第一步：在使用该对话框的“17000001_06View. cpp”文件中引入头文件“PolygonClippingDlg. h”。

第二步：单击“多边形裁剪” 菜单项，弹出新建的对话框，并获取对话框中输入的数据。

在“17000001_06View. cpp”文件的 OnPolygonclipping()函数中添加代码如下所示：

```
void CMy17000001_06View::OnPolygonclipping()
{
    // TODO：在此添加命令处理程序代码
    PolygonClippingDlg polygonDlg;
    if(polygonDlg.DoModal() == IDOK){

        if(polygonDlg.m_verNum<3){
            AfxMessageBox(_T("顶点太少，设置失败！"));
            return;
        }

        //获取顶点坐标
          polygonClip.m_vertices.assign(polygonDlg.m_vertices.begin(),
polygonDlg.m_vertices.end());
        //顶点个数
        polygonClip.m_verNum = polygonDlg.m_verNum;
```

```
polygonClip.m_minX = polygonDlg.m_minX;
polygonClip.m_maxX = polygonDlg.m_maxX;

polygonClip.m_minY = polygonDlg.m_minY;
polygonClip.m_maxY = polygonDlg.m_maxY;

//后加入 m_type = 2;
Invalidate();
    }
}
```

此时,操作者在对话框中输入的顶点信息传递到了成员变量 polygonClip 中。

8. 多边形裁剪

在"17000001_06View.cpp"文件的 OnDraw()函数中,根据操作者在对话框中输入的坐标信息完成对多边形的裁剪。

由于此时整个项目有多个菜单项事件触发,为了标识当前触发的事件,为视图类增加整型的成员属性 m_type,初始化为 0。单击"直线段裁剪"菜单项时,m_type=1;单击"多边形裁剪"菜单项时,m_type=2。

在 OnDraw 函数内根据 m_type 的值,调用不同的功能。

具体代码如下:

```
void CMy17000001_06View::OnDraw(CDC * pDC)
{
    CMy17000001_06Doc * pDoc = GetDocument();
    ASSERT_VALID(pDoc);
    if (!pDoc)
        return;

    // TODO: 在此处为本机数据添加绘制代码

    //设置坐标系的原点位置和坐标轴方向
    ……

    //绘制坐标轴
    ……

    if(m_type == 1){
        //直线段裁剪
        lineClip.LiangBarskyClipper(pDC);
    }else if(m_type == 2){
```

```
//多边形裁剪
    polygonClip.SutherlandHodgemanClipper(pDC);
    }
}
```

9. 运行结果

编译且运行该项目,在对话框中输入裁剪窗口和多边形的顶点信息,单击"确定"按钮,如果程序代码无误,则可看到根据所填信息裁剪的多边形。

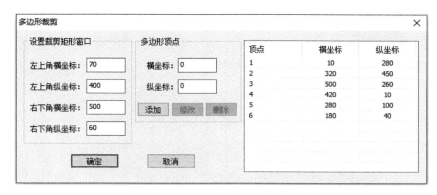

图 7.6　多边形裁剪信息

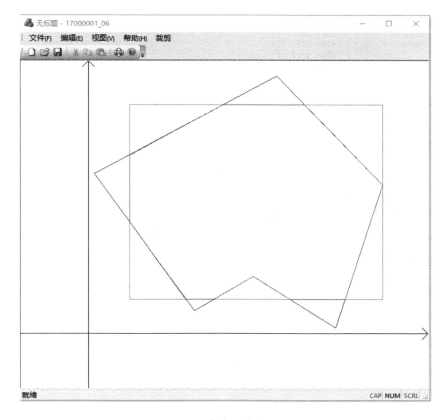

图 7.7　多边形裁剪结果

10．补充说明

对于 Sutherland-Hodgeman 裁剪算法,被裁剪多边形可以是任意凸多边形,裁剪窗口也不局限于矩形。在这里推荐大家第二种裁剪信息输入界面,参考被裁剪多边形的顶点信息录入方式,修改裁剪窗口的顶点信息录入方式(如图 7.8 所示),裁剪窗口的顶点数目和被裁剪多边形的顶点数目都可变,通用性更强。

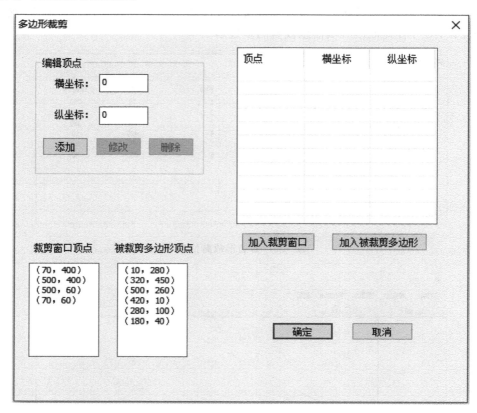

图 7.8　第二种多边形裁剪信息界面

如何判断一个点在裁剪窗口内或外?

提示:由于裁剪窗口的顶点信息和被裁剪多边形的顶点信息都是按顺时针方向输入的,可以使用向量的叉乘运算(不是点乘),其结果是一个向量,根据此向量的方向,判断点在裁剪窗口的内或外("右手法则")。

第8章　二维图形的几何变换

实验目的

- 熟练掌握图形的几何变换公式
- 了解几何变换矩阵系数的含义

实验内容

（1）编程实现给定多边形的平移、旋转、缩放和对称变换算法。

（2）假设给定多边形的顶点坐标：$(60,35)$，$(45,90)$，$(90,120)$，$(140,90)$，$(120,35)$，画出该多边形依次经过下面每次变换后的图形。

平移：向右平移 120 像素。

旋转：向右平移 240 像素后绕点 $(330,75)$ 沿逆时针方向旋转 45 度。

对称：向 y 轴正方向平移 120 像素后，以 y＝195 为对称轴进行对称变换。

缩放：向 x 轴正方向平移 120 像素后，以 $(210,195)$ 为基点缩小为原来的 1/2。

使用蓝色绘制变换前的图形，使用绿色绘制转换过程中的图形，使用红色绘制变换后最终的图形。

实验指导

二维图形的几何变换

1. 背景知识

（1）二维空间几何变化公式为：

$$\begin{pmatrix} x' \\ y' \\ 1 \end{pmatrix} = \begin{pmatrix} a & b & e \\ c & d & f \\ g & h & i \end{pmatrix} \begin{pmatrix} x \\ y \\ 1 \end{pmatrix}$$

其中，子矩阵 $\begin{pmatrix} a & b \\ c & d \end{pmatrix}$ 是缩放、旋转、对称和错切变换系数，子矩阵 $\begin{pmatrix} e \\ f \end{pmatrix}$ 是平移变换系数，子矩阵 $(g \quad h)$ 是投影变换系数，i 是整体缩放变换系数。

（2）缩放变换和旋转变换结果均与参考点有关。上述公式均是以坐标系原点为变换参考点。

（3）如果变换参考点不是坐标系原点，而是坐标点 (x_f, y_f)，则相对该参考点的缩放和旋转变换等价于：

① 使用平移变换将参考点平移到坐标系原点。

② 进行所需的缩放或旋转变换。

③ 使用平移变换将参考点平移到原来的位置。

2. 建立单文档应用程序

使用 VS 建立 MFC 下的单文档应用程序,项目名称命名为"17000001_08"。

3. 添加菜单项

第一步:选择菜单栏中的"视图"→"资源视图",打开项目的资源视图窗口。

第二步:打开资源视图中的"Menu"文件夹,双击"IDR_MAINFRAME",打开项目的菜单资源。在菜单栏中,添加"作图"→"二维几何变换",并为其设置合适 ID 值,如图 8.1 所示。

图 8.1　添加菜单项

第三步:选中"二维几何变换"菜单项,右击选择"添加事件处理程序",为其添加响应函数,如图 8.2 所示。

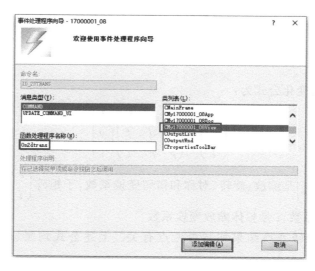

图 8.2　事件处理程序向导

此时,在"17000001_08View.cpp"文件内,已经添加了此菜单的响应函数。

4.添加对话框

第一步:打开项目的"资源视图",在"Dialog"文件夹上右击,选择"插入 Dialog"。修改对话框的"Caption"属性为"二维几何变换"。

第二步:为新对话框添加控件,如图 8.3 所示。

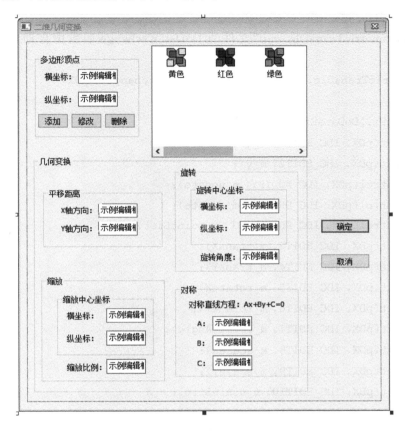

图 8.3 设计对话框界面

为了便于使用,我们设置三个按钮和列表控件的 ID 值分别为:IDC_ADD、IDC_MODIFY、IDC_DELETE、IDC_POINTLIST。

第三步:在对话框上双击,进入类向导窗口,为其建立新类"GeometricTransDlg"。

第四步:为对话框中的控件关联变量。"Button"控件和"List Control"控件的关联变量,类别都为"Control"。

编辑框控件关联的变量类型如下所示:

int m_x;

int m_y;

int m_transX;

int m_transY;

int m_rotateX;

int m_rotateY;

```
int m_rotateAngle;
int m_scaleX;
int m_scaleY;
double m_scaleSize;
double m_symmetryA;
double m_symmetryB;
double m_symmetryC;
```

最终,在"GeometricTransDlg. cpp"文件的 DoDataExchange 函数中自动添加的代码如下所示:

```
void GeometricTransDlg::DoDataExchange(CDataExchange * pDX)
{
    CDialogEx::DoDataExchange(pDX);
    DDX_Text(pDX, IDC_EDIT1, m_x);
    DDX_Text(pDX, IDC_EDIT2, m_y);
    DDX_Control(pDX, IDC_MODIFY, m_update);
    DDX_Control(pDX, IDC_DELETE, m_delete);
    DDX_Control(pDX, IDC_POINTLIST, m_pointList);
    DDX_Text(pDX, IDC_EDIT3, m_transX);
    DDX_Text(pDX, IDC_EDIT4, m_transY);
    DDX_Text(pDX, IDC_EDIT5, m_rotateX);
    DDX_Text(pDX, IDC_EDIT6, m_rotateY);
    DDX_Text(pDX, IDC_EDIT7, m_rotateAngle);
    DDX_Text(pDX, IDC_EDIT8, m_scaleX);
    DDX_Text(pDX, IDC_EDIT9, m_scaleY);
    DDX_Text(pDX, IDC_EDIT10, m_scaleSize);
    DDX_Text(pDX, IDC_EDIT11, m_symmetryA);
    DDX_Text(pDX, IDC_EDIT12, m_symmetryB);
    DDX_Text(pDX, IDC_EDIT13, m_symmetryC);
}
```

5. 完善对话框

第一步:二维图形变换时,需要记录图形的顶点个数和每个顶点的坐标,在"GeometricTransDlg. h"文件内,手动添加成员变量如下:

```
//顶点个数
int m_verNum;
//顶点信息
vector<CPoint> m_vertices;
```

使用 vector 类,需要加入头文件"#include<vector>";在"GeometricTransDlg. cpp"的构造函数内,将 m_verNum 初始化为 0。

第二步：将列表控件的"View"属性设置为 Report。

第三步：将列表控件的"Always Show Selection"属性设置为 True。

第四步：重写对话框的初始化函数，完成对话框的初始化工作。在对话框的初始化函数内填写代码，使对话框最初显示时，"列表控件"具有列标题，并设置"修改"和"删除"按钮不可用。

第五步：为"添加"按钮增加事件处理程序。在处理函数内添加需要的功能：使编辑框内的顶点坐标加入列表框。

第六步：为"列表控件"添加单击事件。当单击"列表控件"中的某行时，将此行的坐标信息存入顶点编辑框，编辑后单击"修改"或"删除"按钮，完成此顶点信息的更新。

第七步：为"修改"按钮添加事件处理程序。在处理函数内添加需要的功能：用编辑框内修改后的顶点坐标，更新列表框中被选中行的信息，修改后再次设置"修改"和"删除"按钮不可用。

第八步：为"删除"按钮添加事件处理程序。在处理函数内添加需要的功能：将列表框中被选中行的顶点信息删除。

第九步：为"确定"按钮添加事件处理程序。在处理函数内添加需要的功能：将"列表控件"中的所有顶点信息，存入成员变量 m_vertices。

至此，新增对话框内的所有操作结束（具体代码参考第五次实验）。

6. 添加二维图形几何变换类

本节我们将设计一个二维图形几何变换类，用来记录二维图形变换所需的各种属性值，并完成几何变换。

第一步：在项目名上右击，选择"添加"→"类"。

第二步：在添加类窗口选择"C++"类。

第三步：输入类名，如"GeometricTrans"。

第四步：为 GeometricTrans 类添加需要的成员属性和方法。

代码如下：

```cpp
class GeometricTrans
{
public:
    GeometricTrans(void);
    ~GeometricTrans(void);

    //顶点信息
    vector<CPoint> m_vertices;
    //顶点数
    int m_verNum;

    //平移距离
    int m_transX;
    int m_transY;
```

```
        //旋转中心、旋转角度
        int m_rotateX;
        int m_rotateY;
        int m_rotateAngle;

        //缩放中心、缩放比例
        int m_scaleX;
        int m_scaleY;
        double m_scaleSize;

        //对称直线参数 Ax + By + C = 0
        double m_symmetryA;
        double m_symmetryB;
        double m_symmetryC;

        //几何变换函数
        void trans(CDC * pDC);
    };
```

由读者自己按照课堂中讲解的步骤,在 GeometricTrans. cpp 中编写需要的几何变换函数,并在 trans(CDC * pDC)中调用。

下面是常用功能的函数声明,供大家参考。

```
//平移
void translate(int tx,int ty);

//旋转,逆时针为正方向
void rotate(double degree);

//对称,对直线 Ax + By + C = 0 做对称
void symmetry(double A,double B,double C);

//对 X 轴做翻转
void symmetryX();

//对 Y 轴做翻转
void symmetryY();

//缩放,缩放为原来的 s。
void scale(double s);
```

```
//用画笔 pen 绘制多边形
void myPrint(CDC * pDC);
```

7. 几何变换类的使用

建好 GeometricTrans 类后,在视图类内添加 GeometricTrans 类型的成员属性 geoTrans,用来存储图形几何变换需要的数据,准备变换。如图 8.4 所示。

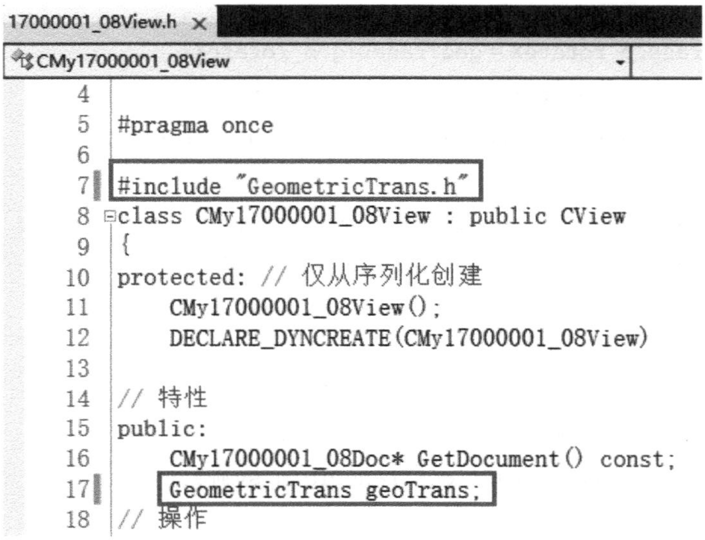

```
17000001_08View.h ×
CMy17000001_08View
 4
 5  #pragma once
 6
 7  #include "GeometricTrans.h"
 8  class CMy17000001_08View : public CView
 9  {
10  protected: // 仅从序列化创建
11      CMy17000001_08View();
12      DECLARE_DYNCREATE(CMy17000001_08View)
13
14  // 特性
15  public:
16      CMy17000001_08Doc* GetDocument() const;
17      GeometricTrans geoTrans;
18  // 操作
```

图 8.4　添加成员属性

8. 对话框的使用

本节我们将根据操作者在对话框中输入的信息,完成二维图形的几何变换。

第一步:在使用该对话框的"17000001_08View.cpp"文件中引入头文件"GeometricTransDlg.h"。

第二步:单击"二维几何变换"菜单项,弹出新建的对话框,并获取对话框中输入的数据。

在"17000001_08View.cpp"文件的 On2dtrans()函数中添加代码如下所示:

```
void CMy17000001_08View::On2dtrans()
{
    // TODO：在此添加命令处理程序代码
    GeometricTransDlg geoTransDlg;
    //显示对话框,并判断对话框关闭时,是否单击的"确定"按钮
    if(geoTransDlg.DoModal() == IDOK){
        if(geoTransDlg.m_verNum<3){
            AfxMessageBox(_T("多边形顶点太少,设置失败!"));
            return;
        }
```

```
        geoTrans.m_vertices.assign(geoTransDlg.m_vertices.begin(), geoTransDlg.
m_vertices.end());
        geoTrans.m_verNum = geoTransDlg.m_verNum;

        geoTrans.m_transX = geoTransDlg.m_transX;
        geoTrans.m_transY = geoTransDlg.m_transY;

        geoTrans.m_rotateX = geoTransDlg.m_rotateX;
        geoTrans.m_rotateY = geoTransDlg.m_rotateY;
        geoTrans.m_rotateAngle = geoTransDlg.m_rotateAngle;

        geoTrans.m_scaleX = geoTransDlg.m_scaleX;
        geoTrans.m_scaleY = geoTransDlg.m_scaleY;
        geoTrans.m_scaleSize = geoTransDlg.m_scaleSize;

        geoTrans.m_symmetryA = geoTransDlg.m_symmetryA;
        geoTrans.m_symmetryB = geoTransDlg.m_symmetryB;
        geoTrans.m_symmetryC = geoTransDlg.m_symmetryC;

        //刷新界面
        Invalidate();
    }
}
```

此时,操作者在对话框中输入的图形和转换信息传递到了成员变量 geoTrans 中。

9. 图形的几何变换

在"17000001_08View.cpp"文件的 OnDraw() 函数中,根据操作者在对话框中输入的信息完成对二维图形的几何变换。

具体代码如下:

```
void CMy17000001_08View::OnDraw(CDC * pDC)
{
    CMy17000001_08Doc * pDoc = GetDocument();
    ASSERT_VALID(pDoc);
    if (!pDoc)
        return;

    // TODO：在此处为本机数据添加绘制代码
```

```
//设置坐标系的原点位置和坐标轴方向
······

//绘制坐标轴
······

//转换
if(geoTrans.m_verNum! = 0){
    geoTrans.trans(pDC);
}
}
```

10. 运行结果

编译且运行该项目,在对话框中输入图形和转换信息,单击"确定"按钮,如果程序代码无误, 则可看到根据所填信息二维图形的几何变换结果。

按照本章实验内容的要求,对给定的多边形进行平移操作,其参数设置和运行结果如图 8.5 和图 8.6 所示。

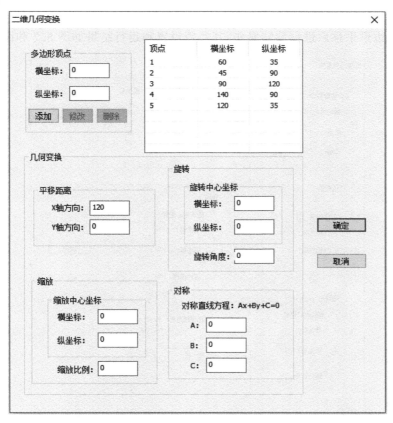

图 8.5　平移信息

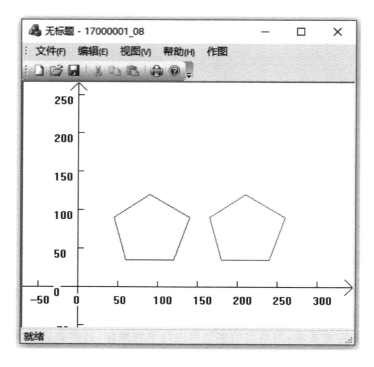

图 8.6　平移结果

将给定的多边形平移后进行旋转操作,其参数设置和运行结果如图 8.7 和图 8.8 所示。

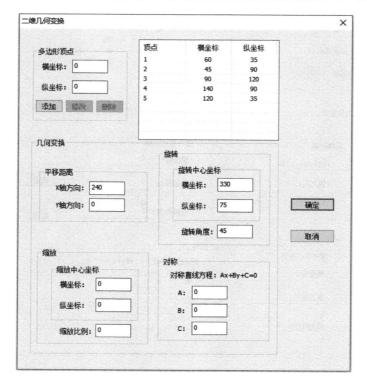

图 8.7　平移后旋转信息

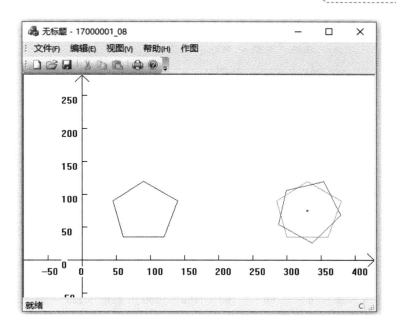

图 8.8 平移后旋转结果

将给定的多边形平移后进行对称操作,其参数设置和运行结果如图 8.9 和图 8.10 所示。

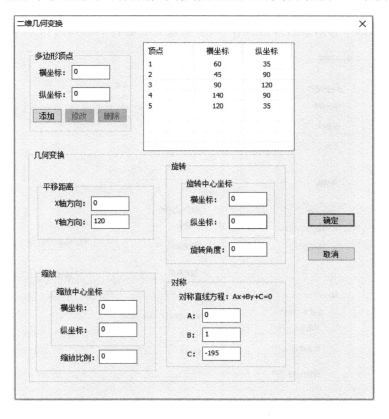

图 8.9 平移后对称变换信息

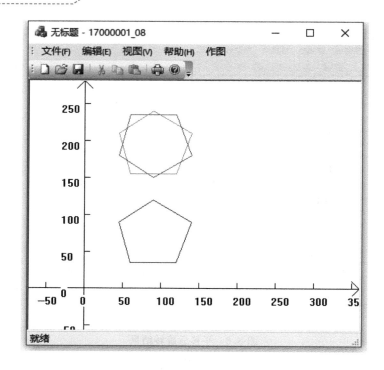

图 8.10　平移后对称变换结果

将给定的多边形平移后进行缩放操作,其参数设置和运行结果如图 8.11 和图 8.12 所示。

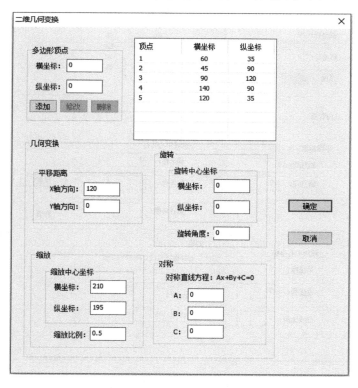

图 8.11　平移后缩放信息

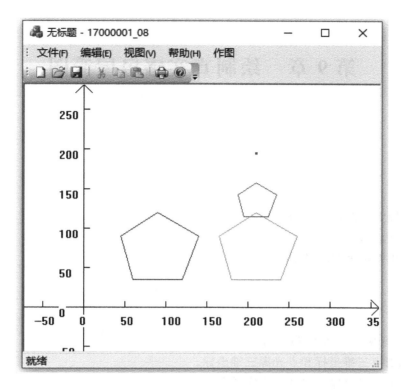

图 8.12　平移后缩放结果

11．补充说明

（1）由于需要显示四种实验结果，须合理设置"平移""旋转""对称""缩放"等操作的顺序。

（2）为了验证变换过程中的结果，可以将原始状态、中间过程和最终状态用不同的颜色表示出来。

（3）做对称变换时，要考虑对称轴斜率不存在的情况。

（4）为了验证结果的正确性，建议在坐标轴上显示刻度。

第 9 章　绘制真实感房屋简图

实验目的

- 熟练掌握立体图形的投影变换
- 了解三维物体显示的消隐算法
- 熟练运用简单光照明模型

实验内容

（1）绘制任意视点下真实感房屋简图。

程序输入：视点三维坐标和点光源三维坐标。

程序输出：输出满足输入参数的真实感图形。

（2）房屋颜色和顶点空间坐标如图 9.1 所示。房屋表面的光照参数如表 9.1 所示。

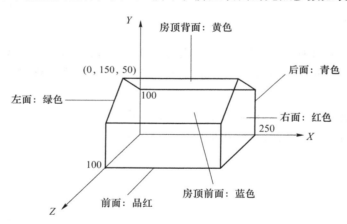

图 9.1　房屋颜色和顶点坐标

表 9.1　房屋表面的光学参数

		环境光反射率			光源漫反射率			光源镜面反射率			高光指数	颜色
		K_{aR}	K_{aG}	K_{aB}	K_{dR}	K_{dG}	K_{dB}	K_{sR}	K_{sG}	K_{sB}		
屋顶	前	0.05	0.05	0.3	0.2	0.2	0.7	0.8	0.8	0.8	3	蓝
	后	0.3	0.3	0.05	0.7	0.7	0.2	0.8	0.8	0.8	3	黄

续　表

		环境光反射率			光源漫反射率			光源镜面反射率			高光指数	颜色
		K_{aR}	K_{aG}	K_{aB}	K_{dR}	K_{dG}	K_{dB}	K_{sR}	K_{sG}	K_{sB}		
墙壁	左	0.05	0.3	0.05	0.2	0.5	0.2	0.8	0.8	0.8	3	绿
	右	0.3	0.05	0.05	0.5	0.2	0.2	0.8	0.8	0.8	3	红
	前	0.3	0.05	0.3	0.5	0.2	0.5	0.8	0.8	0.8	3	品红
	后	0.05	0.3	0.3	0.2	0.5	0.5	0.8	0.8	0.8	3	青

注意:本次实验要求为绘制房屋,实验指导介绍的是如何绘制立方体,读者在此基础上进行修改从而完成自己的作品。

实验指导

1. 背景知识

Phong 光照明模型:物体表面上任意一点的反射光强等于环境光反射光强、理想漫反射光强和镜面反射光强之和。

公式:

$$I_R = I_{eR} + I_{dR} + I_{sR} = I_{aR}K_{aR} + I_{pR}K_{dR}(\boldsymbol{L} \cdot \boldsymbol{N}) + I_{pR}K_{sR}(\boldsymbol{R} \cdot \boldsymbol{V})^n$$

$$I_G = I_{eG} + I_{dG} + I_{sG} = I_{aG}K_{aG} + I_{pG}K_{dG}(\boldsymbol{L} \cdot \boldsymbol{N}) + I_{pG}K_{sG}(\boldsymbol{R} \cdot \boldsymbol{V})^n$$

$$I_B = I_{eB} + I_{dB} + I_{sB} = I_{aB}K_{aB} + I_{pB}K_{dB}(\boldsymbol{L} \cdot \boldsymbol{N}) + I_{pB}K_{sB}(\boldsymbol{R} \cdot \boldsymbol{V})^n$$

2. 建立单文档应用程序

使用 VS 建立 MFC 下的单文档应用程序,项目名称命名为"17000001_09"。

3. 添加菜单项

第一步:打开项目的资源视图窗口。

第二步:打开项目的菜单资源。在菜单栏中,添加"设置"→"绘制房屋",并为其设置合适 ID 值,如图 9.2 所示。

图 9.2　添加菜单项

第三步:选中"绘制房屋"菜单项,右击选择"添加事件处理程序",为其添加响应函数,如图 9.3 所示。

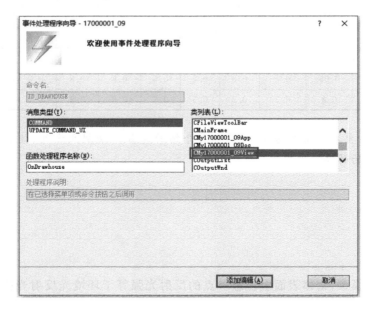

图 9.3 事件处理程序向导

此时,在"17000001_09View.cpp"文件内,已经添加了此菜单的响应函数。

4. 添加对话框

第一步:打开项目的"资源视图",在"Dialog"文件夹上右击,选择"插入 Dialog"。修改对话框的"Caption"属性为"绘制房屋"。

第二步:为新对话框添加控件,如图 9.4 所示。

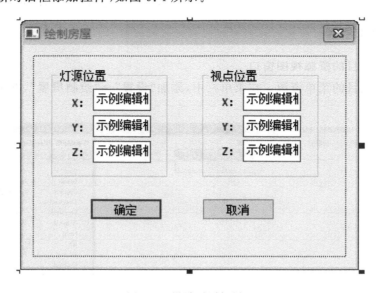

图 9.4 设计对话框界面

第三步：在对话框上双击，进入类向导窗口，为其建立新类"SetPositionDlg"。

第四步：为对话框中的编辑框控件关联整型变量。

最终，在"SetPositionDlg.cpp"文件的 DoDataExchange 函数中自动添加的代码如下所示：

```
void SetPositionDlg::DoDataExchange(CDataExchange * pDX)
{
    CDialogEx::DoDataExchange(pDX);
    DDX_Text(pDX, IDC_EDIT1, m_lightX);
    DDX_Text(pDX, IDC_EDIT2, m_lightY);
    DDX_Text(pDX, IDC_EDIT3, m_lightZ);
    DDX_Text(pDX, IDC_EDIT4, m_viewX);
    DDX_Text(pDX, IDC_EDIT5, m_viewY);
    DDX_Text(pDX, IDC_EDIT6, m_viewZ);
}
```

5. 添加颜色类

由于需要绘制不同的颜色，所以建立颜色类"MyRGB"，用来记录每个点的 RGB 颜色值。代码如下：

```
class MyRGB
{
public：
    MyRGB(void){
        red = green = blue = 0;
    }
    MyRGB(double r,double g,double b){
        red = r;
        green = g;
        blue = b;
    }
    ~MyRGB(void){}
    double red;
    double green;
    double blue;
};
```

6. 添加三维坐标点类

为了方便绘制三维物体中的点，建立类"Point3D"，用来记录每个点的坐标和颜色。代码如下：

```
class Point3D
{
```

```
public:
    Point3D(){
        x = y = z = 0;
        w = 1;
        c.red = c.green = c.blue = 0;//范围 0 - 255
    }
    Point3D(int x,int y,int z){
        this - >x = x;
        this - >y = y;
        this - >z = z;
        w = 1;
        c.red = c.green = c.blue = 0;
    }
    Point3D(int x,int y,int z,MyRGB c){
        this - >x = x;
        this - >y = y;
        this - >z = z;
        w = 1;
        this - >c.red = c.red;
        this - >c.green = c.green;
        this - >c.blue = c.blue;
    }
    ~Point3D(){}
    //点坐标
    double x;//为了求斜率时保留小数
    int y;
    intz;
    double w;//齐次坐标计算,需要增加维度
    //点颜色
    MyRGB c;
};
```

7. 添加矢量类

在画物体、填充颜色和计算光照模型的过程中,会用到很多数学中的矢量运算,因此建立自己的矢量类"MyVector",为其添加矢量运算的功能。代码如下:

MyVector.h

```
class MyVector
{
```

```
public：
    MyVector(void);
    ～MyVector(void);

    MyVector(double,double,double);
    MyVector(Point3D);
    MyVector(Point3D,Point3D);

    double length();//矢量的模
    void normal();//单位矢量
    friend double dot(MyVector,MyVector); //矢量点积
    friend MyVector cross(MyVector,MyVector);//矢量叉积
    //重载矢量加法
    friend MyVector operator + (const MyVector &,const MyVector &);
    //重载矢量除法
    friend MyVector operator /(const MyVector &,double);
    //矢量坐标
    double x,y,z;
};
```

MyVector. cpp

```
MyVector：：MyVector(void)
{
    x = y = 0.0;
    z = 1.0;
}
MyVector：：～MyVector(void){}

MyVector：：MyVector(double x,double y,double z)
{
    this － >x = x;
    this － >y = y;
    this － >z = z;
}
MyVector：：MyVector(Point3D p)
{
    x = p. x;
    y = p. y;
    z = p. z;
```

```
}
MyVector∷MyVector(Point3D p0,Point3D p1)
{
    x = p1.x - p0.x;
    y = p1.y - p0.y;
    z = p1.z - p0.z;
}
//矢量的模
double MyVector∷length()
{
    return sqrt(x * x + y * y + z * z);
}
//单位矢量
void MyVector∷normal()
{
    double len = length();
    if(fabs(len)<1e - 6){//分母不要太小,以防被除后数值太大越界。
        len = 1.0;
    }
    x = x/len;
    y = y/len;
    z = z/len;
}
//矢量的点积
double dot(MyVector v0,MyVector v1)
{
    return(v0.x * v1.x + v0.y * v1.y + v0.z * v1.z);
}
//矢量的叉积,返回与这两个向量所在平面垂直的向量
MyVector cross(MyVector v0,MyVector v1)
{
    MyVector v;
    v.x = v0.y * v1.z - v0.z * v1.y;
    v.y = v0.z * v1.x - v0.x * v1.z;
    v.z = v0.x * v1.y - v0.y * v1.x;
    return v;
}
//矢量的和
```

```
MyVector operator + (const MyVector &v0,const MyVector &v1)
{
    MyVector vector;
    vector.x = v0.x + v1.x;
    vector.y = v0.y + v1.y;
    vector.z = v0.z + v1.z;
    return vector;
}
//矢量除一个数
MyVector operator /(const MyVector &v,double k)
{
    if(fabs(k)<1e - 6)
        k = 1.0;
    MyVector vector;
    vector.x = v.x/k;
    vector.y = v.y/k;
    vector.z = v.z/k;
    return vector;
}
```

8. 添加表面类

需要绘制的物体由多个面组成,为了记录每个面的顶点坐标、法向量、光照参数等信息,建立表面类"Surface"。代码如下:

Surface.h
```
struct PhongParameter{
    //物体对环境光中RGB颜色的反射率
    double rA,gA,bA;
    //物体对三种颜色的漫反射率
    double rD,gD,bD;
    //物体对三种颜色的镜面反射率
    double rS,gS,bS;
    int n;//高光指数
};

class Surface
{
public:
    Surface(void){versIndex = NULL;}
```

```
        ～Surface(void){
            if(versIndex!  = NULL){
                delete []versIndex;
                versIndex = NULL;
            }
        }
        Surface(Surface &);
        void setNum(int);//设置面的顶点数
        //根据平面内的三个点计算法向量
        void setNormal(Point3D p0,Point3D p1,Point3D p2);
        void setPhongPara(double ra,double ga,double ba,double rd,double gd,double bd,
double rs,double gs,double bs,int n);
        int verNum;//面的顶点数
        int * versIndex;//面的顶点索引
        MyVector n;//面的法矢量
        PhongParameter PhongPara;//面的 Phong 光照模型参数
    };
    Surface.cpp

    Surface::Surface(Surface &f){
        verNum = f.verNum;//面的顶点数
        //面的顶点索引
        versIndex = new int[verNum];
        for(int i = 0;i<verNum;i ++ ){
            versIndex[i] = f.versIndex[i];
        }
        n = f.n;
        PhongPara = f.PhongPara;
    }
    void Surface::setPhongPara(double ra,double ga,double ba,double rd,double gd,
double bd,double rs,double gs,double bs,int n){
        //置物体对环境光中 RGB 颜色的反射率
        PhongPara.rA = ra;
        PhongPara.gA = ga;
        PhongPara.bA = ba;

        //物体对三种颜色的漫反射率
        PhongPara.rD = rd;
```

```
    PhongPara.gD = gd;
    PhongPara.bD = bd;

    //物体对三种颜色的镜面反射率
    PhongPara.rS = rs;
    PhongPara.gS = gs;
    PhongPara.bS = bs;
    //高光指数
    PhongPara.n = n;
}
void Surface::setNum(int n)
{
    if(versIndex!  = NULL){
        delete []versIndex;
    }
    verNum = n;
    versIndex = new int[verNum];
}
void Surface::setNormal(Point3D p0,Point3D p1,Point3D p2)
{
    MyVector v1(p0,p1);
    MyVector v2(p0,p2);
    n = cross(v1,v2);//计算面的法矢量
}
```

9. 添加立方体类

添加立方体类"Cube",用来存储绘制的立方体信息,包括面的信息和顶点信息。代码如下:

```
class Cube
{
public:
    Cube(void){
        //加载顶点坐标和平面信息
        setVertex();
        setSurface();
    }
    ~Cube(void){}
    //根据需要绘制的物体,修改顶点和面的个数
    Point3D vers[8];//立方体的 8 个顶点
```

113

```
Surface surfaces[6];//立方体的 6 个面
void setVertex()//设置立方体的 8 个顶点坐标
{
    //x 轴向右,y 轴向上,z 轴由屏幕向外
    //立方体的长、宽、高
    int length = 100,width = 250,height = 100;

    vers[0].x = 0;vers[0].y = 0;vers[0].z = 0;
    vers[1].x = 0;vers[1].y = height;vers[1].z = 0;
    vers[2].x = 0;vers[2].y = height;vers[2].z = length;
    vers[3].x = 0;vers[3].y = 0;vers[3].z = length;

    vers[4].x = width;vers[4].y = 0;vers[4].z = 0;
    vers[5].x = width;vers[5].y = height;vers[5].z = 0;
    vers[6].x = width;vers[6].y = height;vers[6].z = length;
    vers[7].x = width;vers[7].y = 0;vers[7].z = length;
}
void setSurface()//设置立方体的 6 个面
{
    //为了得到更好的运行效果,读者可以设计自己的反射系数
    double s = 0.8;//镜面反射系数
    double Ahigh = 0.3,Alow = 0.05;//环境光反射系数
    double DhighRoof = 0.7,DlowRoof = 0.2;//屋顶漫反射系数
    double DhighWall = 0.5,DlowWall = 0.2;//墙壁漫反射系数
    int n = 3;
    //设置面的顶点数、顶点索引、目标颜色的反射系数
    surfaces[0].setNum(4);
    surfaces[0].versIndex[0] = 4;surfaces[0].versIndex[1] = 5;
    surfaces[0].versIndex[2] = 6;surfaces[0].versIndex[3] = 7;//右面
    //红色面的光照系数 surfaces[0].setPhongPara(Ahigh,Alow,Alow,DhighWall,
DlowWall,DlowWall,s,s,s,n);

    surfaces[1].setNum(4);
    surfaces[1].versIndex[0] = 0;surfaces[1].versIndex[1] = 3;
    surfaces[1].versIndex[2] = 2;surfaces[1].versIndex[3] = 1;//左面
    //绿色面的光照系数 surfaces[1].setPhongPara(Alow,Ahigh,Alow,DlowWall,
DhighWall,DlowWall,s,s,s,n);
```

```
        surfaces[2].setNum(4);
        surfaces[2].versIndex[0] = 0;surfaces[2].versIndex[1] = 4;
        surfaces[2].versIndex[2] = 7;surfaces[2].versIndex[3] = 3;//底面
        //蓝色面的光照系数 surfaces[2].setPhongPara(Alow,Alow,Ahigh,DlowWall,
DlowWall,DhighWall,s,s,s,n);

        surfaces[3].setNum(4);
        surfaces[3].versIndex[0] = 1;surfaces[3].versIndex[1] = 2;
        surfaces[3].versIndex[2] = 6;surfaces[3].versIndex[3] = 5;//顶面
        //黄色面的光照系数 surfaces[3].setPhongPara(Ahigh,Ahigh,Alow,DhighRoof,
DhighRoof,DlowRoof,s,s,s,n);

        surfaces[4].setNum(4);
        surfaces[4].versIndex[0] = 2;surfaces[4].versIndex[1] = 3;
        surfaces[4].versIndex[2] = 7;surfaces[4].versIndex[3] = 6;//前面
        //品红面的光照系数 surfaces[4].setPhongPara(Ahigh,Alow,Ahigh,DhighWall,
DlowWall,DhighWall,s,s,s,n);

        surfaces[5].setNum(4);
        surfaces[5].versIndex[0] = 0;surfaces[5].versIndex[1] = 1;
        surfaces[5].versIndex[2] = 5;surfaces[5].versIndex[3] = 4;//后面
        //青色面的光照系数 surfaces[5].setPhongPara(Alow,Ahigh,Ahigh,DlowWall,
DhighWall,DhighWall,s,s,s,n);
    }
};
```

注意:显示立方体时,后续需要根据面的法向量,判断这个面是否填充、显示。我们可以通过面中两个向量的叉乘运算得到平面的法向量。而进行叉乘运算的两个向量,分别由平面中第0、1个点和第0、2个点组成。为了使得到的法向量向外,平面中顶点的位置顺序必须满足右手法则。

10. 坐标转换类

为了将立方体显示在二维屏幕中,需要对三维坐标点进行转换,因此添加三维坐标转换类"Transform3D"。代码如下:

```
#define PI 3.14159
class Transform3D//完成三维坐标变换
{
public:
    void init()//初始化单位矩阵
```

```
    {
        T[0][0] = 1.0;T[0][1] = 0.0;T[0][2] = 0.0;T[0][3] = 0.0;
        T[1][0] = 0.0;T[1][1] = 1.0;T[1][2] = 0.0;T[1][3] = 0.0;
        T[2][0] = 0.0;T[2][1] = 0.0;T[2][2] = 1.0;T[2][3] = 0.0;
        T[3][0] = 0.0;T[3][1] = 0.0;T[3][2] = 0.0;T[3][3] = 1.0;
    }
    Point3D rotateX(Point3D p,double angle)//点 p 绕 X 轴旋转角度 angle
    {
        init();
        //转成弧度制
        double radian = angle * PI/180;
        T[1][1] = cos(radian); T[1][2] = - sin(radian);
        T[2][1] = sin(radian);T[2][2] = cos(radian);
        return multiMat(p);
    }
    Point3D rotateY(Point3D p,double angle)//点 p 绕 Y 轴旋转角度 angle
    {
        init();
        double radian = angle * PI/180;
        T[0][0] = cos(radian);T[0][2] = sin(radian);
        T[2][0] = - sin(radian);T[2][2] = cos(radian);
        return multiMat(p);
    }
    Point3D multiMat(Point3D p)//矩阵相乘
    {
        Point3D temp;
        temp.x = p.x * T[0][0] + p.y * T[0][1] + p.z * T[0][2] + p.w * T[0][3];
        temp.y = p.x * T[1][0] + p.y * T[1][1] + p.z * T[1][2] + p.w * T[1][3];
        temp.z = p.x * T[2][0] + p.y * T[2][1] + p.z * T[2][2] + p.w * T[2][3];
        temp.w = p.x * T[3][0] + p.y * T[3][1] + p.z * T[3][2] + p.w * T[3][3];
        return temp;
    }
    Transform3D(void){}
    ~Transform3D(void){}
    double T[4][4];//转换矩阵
};
```

11. 类的使用

有了前面的各种辅助类,为了绘制立方体,在视图类头文件"17000001_09View. h"内,添加如下成员属性：

```
//视点位置
Point3D m_viewPoint;
//灯光位置
Point3D m_lightPos;
int flag;//是否绘制
Cube cube;//要绘制的立方体
Transform3D tran;//坐标转换
//深度缓冲器的记录深度,决定当前点是否需要绘制
double depth[801][801];//水平垂直范围[-400,400],垂直范围[-400,400]
```
在视图类的构造函数内,将 flag 初始化为 0。

12. 对话框的使用

本节我们将根据操作者在对话框中输入的信息,完成房屋简图的绘制。

第一步:在使用该对话框的"17000001_09View. cpp"文件中引入头文件"SetPositionDlg. h"。

第二步:单击"绘制房屋"菜单项,弹出新建的对话框,并获取对话框中输入的数据。

在视图类的 OnDrawhouse()函数中添加代码如下所示:

```
void CMy17000001_09View::OnDrawhouse()
{
    // TODO: 在此添加命令处理程序代码
    SetPositionDlg setPosDlg;
    if(setPosDlg.DoModal() == IDOK){
        m_lightPos.x = setPosDlg.m_lightX;
        m_lightPos.y = setPosDlg.m_lightY;
        m_lightPos.z = setPosDlg.m_lightZ;
        m_viewPoint.x = setPosDlg.m_viewX;
        m_viewPoint.y = setPosDlg.m_viewY;
        m_viewPoint.z = setPosDlg.m_viewZ;
        //绕 x 方向旋转 α 角,绕 y 方向旋转 β 角
        double Alpha,Beta;
        //根据视点位置,计算旋转角度
        getTransRadian(m_viewPoint,Alpha,Beta);
        //为了看到视点位置物体的投影,对顶点进行旋转。
        cube.setVertex();//重置顶点坐标
        initDepth();//重置深度缓冲器
        //根据绘制立方体点的数量,修改顶点个数
        for(int i = 0;i<8;i++){
            cube.vers[i] = tran.rotateX(cube.vers[i],Alpha);
```

```
            cube.vers[i] = tran.rotateY(cube.vers[i],Beta);
        }
        //旋转视点和灯光坐标
        m_viewPoint = tran.rotateX(m_viewPoint,Alpha);
        m_viewPoint = tran.rotateY(m_viewPoint,Beta);
        m_lightPos = tran.rotateX(m_lightPos,Alpha);
        m_lightPos = tran.rotateY(m_lightPos,Beta);
        flag = 1;//是否画图
        Invalidate();
    }
}
```

其中,getTransRadian()函数的功能是根据视点坐标计算转换角度,以便从视点的位置观看物体,由读者自行完成。

initDepth()函数将每个像素点的深度初始化为很小的值。代码如下:

```
//初始化深度缓冲器
void CMy17000001_09View::initDepth(){
    for(int i = 0;i<801;i++)
        for(int j = 0;j<801;j++)
            depth[i][j] = -1000;//初始化为一个很小的值
}
```

13. 绘制房屋

在"17000001_09View.cpp"文件的OnDraw()函数中,根据操作者在对话框中输入的坐标绘制房屋。具体代码如下:

```
void CMy17000001_09View::OnDraw(CDC * pDC)
{
    CMy17000001_09Doc * pDoc = GetDocument();
    ASSERT_VALID(pDoc);
    if (! pDoc)
        return;

    // TODO:在此处为本机数据添加绘制代码
    //设置坐标系的原点位置和坐标轴方向
    ……

    //绘制
```

```
        if(flag == 1){
            DrawObject(pDC);//绘制图形
        }
    }
```

使用前面建好的类,在函数 DrawObject()中完成立方体的绘制,由读者补充。参考代码框架如下:

```
void CMy17000001_09View::DrawObject(CDC * pDC)
{
    Point3D p0,p1,p2;//选平面上的三个点,计算法线方向

    int i;
    for(int nFace = 0;nFace<6;nFace++)//遍历所有面
    {
        //根据视点计算视矢量
        ……

        //计算这个面的法向量
        ……

        //判断面的法向量与视矢量是否方向一致
        if(…)//剔除背面
        {
            //如果一致,则填充此面
            fillPolygon(pDC,cube.surfaces[nFace]);//填充多边形
        }
    }

    //绘制灯光
    ……
}
```

提示:如何判断两个向量的方向是否一致? 可以计算两个向量间的夹角,夹角小于 $90°$,则方向一致。利用向量点乘运算可以得到向量的夹角。

在填充多边形函数"fillPolygon"内,设置了要填充多边形的顶点信息。使用前面实验中填充多边形的功能,并进行完善,加入视点位置、光源位置、深度缓冲器和光照模型。

现在填充的是三维物体的平面,需要根据当前填充点的 (x,y) 坐标,计算其 z 坐标。有了三维坐标 (x,y,z),才能计算其与光源和视点构成向量的夹角,从而计算 $Phong$ 光照模型中此点的颜色。

提示:三维平面方程为 $Ax+By+Cz+D=0$,使用平面中的顶点坐标,可以计算出系数 A、

B、C、D 的值。有了平面方程系数,就可以通过当前填充点 x,y 的值,计算出 z 值。

根据顶点坐标,如何求三维平面方程?

方程中的系数 A、B、C 是该平面的一个法向量的坐标。所以,可以选取平面中的三个顶点坐标,形成两个向量,做叉乘,得到该平面的法向量。将法向量的坐标作为平面方程中的系数 A、B、C,然后,任意带入一个顶点的坐标 (x,y,z) 值,求系数 D。

当 z 值大于深度缓冲器中此位置的深度时,用 z 值更新此位置的深度,并显示该点。

显示该点前,需要采用 Phong 光照模型计算当前点的最终颜色。参考代码框架如下:

```
//对当前点加入 Phong 光照,根据当前点坐标 point 和当前点的法向量 N,返回光照后的
颜色
MyRGB FillPolygon∷Phong(CDC * pDC,Point3D Point,MyVector N)
{
    MyRGB Ambient = MyRGB(0.5,0.5,0.5);//环境光恒定不变
    MyRGB resultColor;

    //第 1 步,根据所在面对环境光的反射率,加入环境光
    ……
    MyRGB Ip = MyRGB(1,1,1);  //光源入射光强

    //计算 Phong 光照模型公式中 L 与 N 的夹角
    ……

    //第 2 步,加入漫反射光
    ……

    //计算 Phong 光照模型公式中 R 与 V 的夹角
    ……

    //第 3 步,加入镜面反射光
    ……

    //返回所计算的颜色
    return resultColor;
}
```

至此,整个项目流程结束。

14. 运行结果

根据程序中的参数,预计立方体的位置和颜色,如图 9.5 所示。

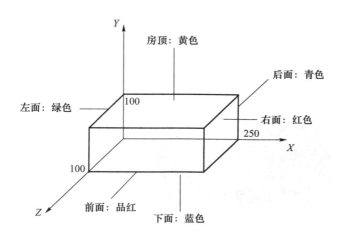

图 9.5　预测结果

光源位置(290,140,10),视点位置(300,300,300)的运行结果如图 9.6 所示。可以看出,观测到了物体的前、右、上三个面,同时由于加入了光照模型,可以在黄色、红色表面观察到明显的明暗过渡,越靠近光源的位置越亮。

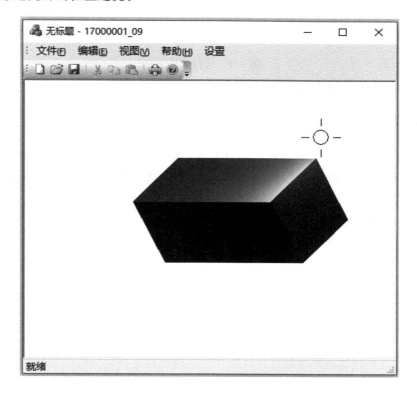

图 9.6　运行效果 1

光源位置(−40,130,90),视点位置(−50,180,−50)的运行结果如图 9.7 所示。此时,我们调整光源位置,把视点转到了物体的后面,观测到了物体的后、左、上三个面,同时由于加入了光照模型,可以在黄色、绿色表面观察到明显的明暗过渡,越靠近光源的位置越亮。

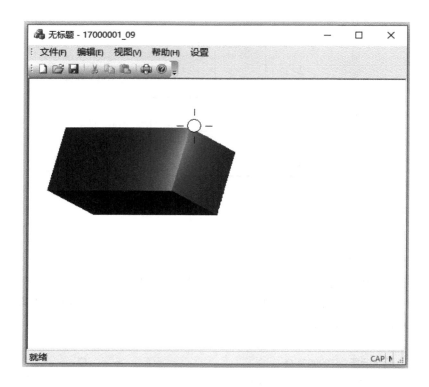

图 9.7 运行效果 2

两次的运行结果,与预想结果一致。

15. 补充说明

本次实验要求绘制房屋,实验指导中的例子是绘制立方体。读者需要在此基础上,将立方体的"上面"改为"双坡式屋顶"。修改参考案例中涉及的顶点个数和平面个数,并合理设置每个面的顶点顺序。

自行修改程序中的光照模型参数,测试更好的效果。

参 考 文 献

[1]　孙家广,胡事民. 计算机图形学基础教程[M]. 北京:清华大学出版社,2009.

[2]　Donald Hearn,M. Pauline Baker,Warren. R. Carithers. 计算机图形学[M]. 蔡士杰,杨若瑜,译. 北京:电子工业出版社,2014.

[3]　孔令德,康凤娥. 计算机图形学实验及课程设计(Visual C++版)[M]. 北京:清华大学出版社,2018.

[4]　孔令德. 计算机图形学实践教程(Visual C++版)[M]. 北京:清华大学出版社,2013.

[5]　明日科技. Visual C++从入门到精通[M]. 第5版. 北京:清华大学出版社,2019.

[6]　Stephen Prata. C++ Primer Plus[M]. 张海龙,袁国忠,译. 北京:人民邮电出版社,2020.

[7]　赵宏. C++程序设计语言[M]. 天津:南开大学出版社. 2012.